AKADEMIE DER WISSENSCHAFTEN DER DDR

ATLAS
DER VERBREITUNG
PALAEARKTISCHER VÖGEL

Begründet von
E. STRESEMANN, Berlin, und L. A. PORTENKO, Leningrad

10. LIEFERUNG

Herausgegeben von
H. DATHE, Berlin, und I. A. NEUFELDT, Leningrad

Bearbeitet von

I. A. NEUFELDT, L. A. PORTENKO, J. STÜBS, E. v. VIETINGHOFF-SCHEEL, K. WUNDERLICH

Mit 9 zweifarbigen Verbreitungskarten

AKADEMIE-VERLAG · BERLIN

1982

Aus der Forschungsstelle für Wirbeltierforschung (im Tierpark Berlin)
der Akademie der Wissenschaften der DDR

Erschienen im Akademie-Verlag, DDR-1086 Berlin, Leipziger Straße 3—4

Lizenznummer: 202 · 100/490/82
Gesamtherstellung: VEB Druckerei „Thomas Müntzer", 5820 Bad Langensalza
Bestellnummer: 762 954 3 (3034/10) · LSV 1375
Printed in GDR
DDR 30,– M

INHALT DER 10. LIEFERUNG

VORWORT ZUR 10. LIEFERUNG

Wie stets wurde uns auch für diese Lieferung freundliche Hilfe von verschiedener Seite gegeben. Besonders danken wir A. Bold (Ulan Bator), S. Eck (Dresden), W. E. Fomin (Moskau), Dr. A. Keve (Budapest), G. S. Kislenko (Ljubercy), A. A. Kistschinskij (Moskau), Dr. S. Kohl (Sibiu), Dr. D. Nankinov (Sofia), A. A. Nazarenko (Wladiwostok), J. N. Nazarow (Wladiwostok), B. A. Netschajew (Wladiwostok), Dr. R. Piechocki (Halle/Saale), Ju. B. Pukinskij (Leningrad), G. E. Rosljakow (Chabarowsk), Dr. E. Schäfer (Schnega), J. B. Schibnew (Primorskaja, „Kedrowaja padj“), S. W. Winter (Leningrad).

Als Ergänzung zur 6. Lfg. (1977) ist die 4. Mitteilung erschienen: Wunderlich, K. (1982): *Falco concolor* als Brutvogel im Negev und Sinai. In: Beitr. Vogelkd. 28, 173—174.

Die Verbreitungskarten fertigte dankenswerterweise Frau I. Wilczok (Berlin) an.

Erika v. Vietinghoff-Scheel — Klaus Wunderlich

X

1982

Eophona personata (Temminck u. Schlegel)

bearbeitet von

I. A. NEUFELDT und E. v. VIETINGHOFF-SCHEEL

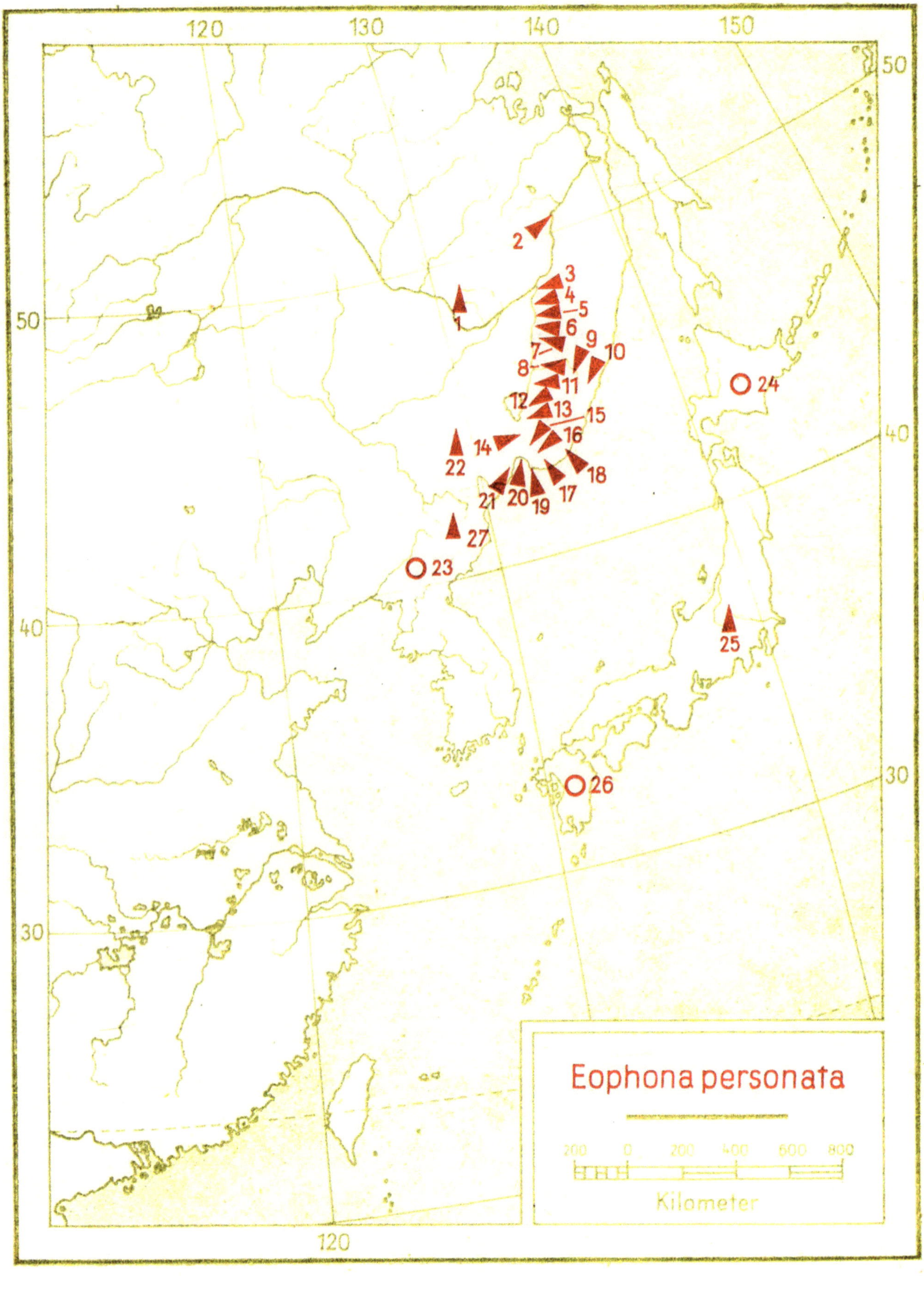
Eophona personata
Kilometer
200 0 200 400 600 800
120
130
140
150
50
40
30
1
2
3
4
5
6
7
8
9
10
11
12
13
14
15
16
17
18
19
20
21
22
23
24
25
26
27

über NN mit *Carpinus cordata* vermischt. In vorherrschenden *Pinus koraiensis*-Wäldern sind in der Ober- und Mittelschicht noch vertreten: *Abies holophylla, Tilia taqueti, Betula costata, Fraxinus manshurica,* in der unteren Schicht *Carpinus cordata, Acer pseudo-sieboldianum, Acer mono, Ulmus montana, Cerasus maximoviczii, Padus maackii* usw. Auf hochgelegenen Terrassen existieren Wälder, in denen in der Oberschicht die Zirbel mit 60—80% vertreten ist neben *Tilia amurensis, Ulmus propinqua* und *Fraxinus manshurica,* in der Mittelschicht *Acer mono* mit Unterholz aus *Corylus manshurica, Acanthopanax sessiliflorum* und *Philadelphus tenuifolius.* Namentlich die Flußterrassen werden von Ulmen-Breitlaubwäldern bedeckt, die nur einzelne Zirbeln aufweisen, während die Hauptarten in der Oberschicht *Ulmus propinqua, Fraxinus manshurica, Tilia amurensis, Phellodendron amurense,* aber auch mächtige *Populus maximoviczii* sind, in der zweiten Schicht *Acer mono, Acer manshuricum, Ligustrina amurensis, Rhamnus dahuricus, Padus asiatica,* mit dichtem Unterholz aus *Corylus manshurica, Acer barbinerve, Ribes manshuricum, Lonicera maackii, Lonicera chrysanthea, Schizandra chinensis, Vitis amurensis* und reichlichem Krautwuchs. Dort, wo hochstämmige Zirbel-Breitlaubwälder gefällt worden sind, nimmt *Eophona personata* die an ihrer Stelle entstehenden Laubwälder ein, darunter auch solche aus Eichen (Kuzyakin u. Leonowitsch 1961, Netschajew 1963, Spangenberg 1965). Im Primorje (in den Flußbecken, die in die Peter-des-Großen-Bucht münden) und in benachbarten Teilen Chinas und möglichenfalls in Korea brüten die Maskenknacker auch in vorhandenen gebirgigen Tannenwäldern, wo *Abies halophylla* vorherrscht (Korenkowa 1969, Panow 1973).

Auf Hokkaido brütet *E. p. personata* sowohl in den Ebenen als auch am Fuß von Bergkuppen; im nördlichen Hondo steigt sie bis zu 600 m, in Zentral-Hondo an Berghängen und Flußtälern bis 1200 m und besiedelt dort Laub- und Mischwälder. Weitere Einzelheiten über den Brutbiotop in Japan s. bei Jahn (1942) und Austin u. Kuroda (1953).

E. p. magnirostris brütet auf Bäumen, in lichten Wäldern der Ebenen, verhältnismäßig niedrig, 1—4 m von der Erde entfernt (Kislenko 1969, Kuzyakin u. Leonowitsch 1961), auf Bergkuppen öfters auch in 6—10 m Höhe (Kuzyakin u. Leonowitsch 1961, Kistjakowskij u. Smogorshewskij 1973); im ursprünglichen Biotop, der mandschurischen Taiga (hochstämmige Nadel-Breitlaubwälder), aber in 15—20 m und sogar in 30 m Höhe (Neufeldt unveröffentl.). Diese höchstgelegenen Nester wurden in *Pinus koraiensis* und *Populus maximoviczii* gefunden. Im allgemeinen werden die Nester in *Tilia amurensis, Ulmus propinqua* und *Betula costata,* seltener in *Betula dahurica, Quercus mongolica* und *Phellodendron amurense* gebaut. Gewöhnlich sind es Astgabeln von Hauptästen, auf Zirbeln aber auch die äußersten Teile der höchsten Astquirle, die für den Nestbau ausgesucht werden. Teils sind es aber auch horizontale Äste, 2—4 m vom Hauptstamm entfernt. Auf ähnliche Art, aber im allgemeinen niedriger, baut *Eophona p. personata* ihre Nester in 2—15 m Abstand von der Erde auf Nadel(*Pinus densiflora*)- und Laubbäumen (Jahn 1942, Austin u. Kuroda 1953). Wie auch bei *E. migratoria* besteht das Nest aus einer lockeren äußeren Schicht und einer dichten Grundschicht, die das eigentliche napfförmige Nest bildet, und einer ausgepolsterten Nestmulde. Im Primorje-Gebiet war die Außenwand der Nester von *E. p. magnirostris* aus Zweigchen von *Abies, Acer, Quercus* und der Flechte *Usnea* aufgebaut; als Hauptmaterial für die Nestwand dienten Bastfasern von *Tilia amurense, Populus maximoviczii* und *Fraxinus,* Rindenstückchen, Blätter und Ranken von *Vitis amurensis* und andere Pflanzen sowie kleinen Würzelchen; die Nestmulde war mit kleinen Gräsern, Ranken und Rindenstückchen von *Vitis amurensis,* Flechtenstückchen und Bastfasern von *Fraxinus manshurica* ausgepolstert (Kuzyakin u. Leonowitsch 1961, Omelko 1963, Kislenko 1969, Neufeldt unveröffentl.). Bei japanischen Nestern fand Jahn (1942) in der Außenschicht Zweigchen von *Larix leptolepis,* trockene Stengelchen von *Wistaria* und Würzelchen, in der Auspolsterung Würzelchen und Blätter krautartiger Pflanzen. Austin u. Kuroda (1953) erwähnen außer Zweigchen, Blättern und Moosen noch Ranken vom Wilden Wein.

Normal ist jährlich eine Brut, die im ganzen Verbreitungsgebiet fast zur gleichen Zeit stattfindet; nur in Japan, auf der Insel Hondo, liegt der Beginn früher.

Im Süden des Primorsker Kreises (Omelko 1963, Neufeldt unveröffentl.) fällt der Nestbau bei der Mehrzahl der Vögel in die Zeit vom 12.—26. Mai, nur einzelne Paare, unter ihnen auch solche, die das Erstgelege verloren haben, bauten noch Anfang Juni. Vollständige Frischgelege wurden vom 24.—31. Mai, späte hingegen noch am 12. Juni gefunden. Nördlicher, in den Niederungen des Iman (= Bolschaja Ussurka), Bikin und Awan (Kuzyakin u. Leonowitsch 1961, Kislenko 1969) fand man die frühesten Frischgelege am 14. Mai, häufiger aber Ende Mai/Anfang Juni. Am Unterlauf des Amur (Kistjakowskij u. Smogorshewskij 1973) begann die Eiablage nach dem 20. Mai. Für Japan gelten ausgedehntere Termine und zwar von der zweiten Hälfte Mai bis Juli (Jahn 1942), vom April bis Juli auf Hondo, vom Mai bis Juli auf Hokkaido (Austin u. Kuroda 1953).

Ein Vollgelege von *E. p. magnirostris* besteht aus drei bis fünf, gewöhnlich 4 Eiern, seltener sind es drei und sehr selten fünf oder sechs (Kuzyakin u. Leonowitsch 1961, Omelko 1963, Spangenberg 1965, Kislenko 1969, Neufeldt unveröffentl.). Für *E. p. personata* erwähnen Austin u. Kuroda (1953) drei bis vier Eier.

In der Farbe ähneln die Eier sehr denen von *Eophona migratoria*: Leuchtend hellblauer oder matt grünlich-hellblauer Grund mit schwarzen Flecken und dunkelbraunen Linien.

In der Nahrungswahl ist ein deutlicher jahreszeitlich abgestimmter Wechsel erkennbar. Die mächtige Schnäbel tragende Kontinentalform *magnirostris* ist in ihrem Futter auf die Nüsse von *Pinus koraiensis,* die eine sehr harte Schale besitzen, spezialisiert. Ab September herrschen in der Futtermenge diese Zirbelnüsse vor, im Oktober aber werden sie zur Hauptnahrung und bleiben sie den ganzen Winter über (Worobjow 1954, Omelko 1964, Netschajew u. Nazarow 1967, Kostenko u. Nazarow 1967, Bromlej u. Kostenko 1974). Ende des Sommers und im Herbst fressen die Maskenknacker im Primorje außer Zirbelnüssen auch die Samen anderer Pflanzen: *Padus asiatica, Padus maackii, Fraxinus manshurica, Abies holo-*

LITWINENKO u. SCHIBAJEW 1971 — Trudy zap. „Kedrowaja padj“ 2, 166.
NAZARENKO 1971 — Trudy Biol.-potsch. inst. Dalnewost. nautsch. centra Akad. Nauk SSSR, N. S. 6, 48.
NETSCHAJEW 1963 — Ornitologija 6, 180.
NETSCHAJEW 1969 — Ornitologija 7, 124.
NETSCHAJEW 1975 — Trudy Biol.-potsch. inst. Dalnewost. nautsch. centra Akad. Nauk SSSR 29, 19.
NETSCHAJEW u. NAZAROW 1967 — Ekologija mlekopit. i ptic. Moskwa. 320.
OMELKO 1963 — Soob. Dalnewost. fil. Sib. otd. Akad. Nauk SSSR 18 (Biol.), 120.
OMELKO 1964 — Ochrana prir. Daln. Wost. 2, 131–136.
PANOW 1973 — Pticy Jushn. Primorja. Nowosibirsk. 291–292.
SHAW 1936 — Zool. Sinica 15/2, Ser. B, 840–842.
SPANGENBERG 1940 — Trudy Mosk. zooparka 1, 116.
SPANGENBERG 1965 — Sborn. trud. Zool. Mus. Mosk. Uniw. 9, 170.
TSCHERSKIJ 1915 — Zap. Ob. izutsch. Amursk. kraja 14, 136–137.
WILDER u. HUBBARD 1938 — Birds Northeastern China. Peking. 156–157.
WON 1970 — Condor 72, 479.
WOROBJOW 1954 — Pticy Ussurijsk. kraja. Moskwa. 177.
YAMASHINA 1939 — Tori 10, 462.

Briefliche Auskünfte erteilten: NAZARENKO, NAZAROW, NETSCHAJEW (Süd-Primorje).

Eophona personata (Temminck u. Schlegel)

Maskenknacker

Verwandtschaft und Gliederung

Der nächste Verwandte ist *Eophona migratoria* Hartert. Es existieren zwei Unterarten: Die in Japan lebende Nominatform *E. personata personata* (Temminck u. Schlegel) und die auf dem Kontinent wohnende größere, einen mächtigeren Schnabel besitzende *E. personata magnirostris* Hartert.

Zur Verbreitung

Das Areal dieser Art erstreckt sich über einen kleinen Raum des Amur-Beckens (hochgelegene und gebirgige Gebiete des mittleren und unteren Amurlandes, Nordost-China und Primorje) und auf die Japanischen Inseln.

Auf dem Kontinent zieht sich das Brutgebiet von *E. p. magnirostris* vom Bureja-Gebirge und anscheinend vom südöstlichen Ausläufer des Kleinen Chingan im Nordwesten bis zu den äußersten Zirbel-Laubwäldern auf Restbergen inmitten der Ebene bei Komsomolsk-na-Amure nach Nordost. Auf den dem Festland zugewendeten Abhängen des Sichote-Alin steigt die Art nach Süden hinab, aber annähernd auf der Breite des Flusses Iman (= Bolschaja Ussurka) nimmt sie auch die Wasserscheide und den Osthang dieses Bergmassivs mit ein. In China besiedelt *Eophona personata* die Ost-Mandschurischen Gebirge und die Hochebene Tschang-pei-schan, in deren sich bis in das äußerste Süd-Primorje (UdSSR) erstreckenden Ausläufern, den Tschernyj Gori, sie ebenfalls vorkommt. Es ist nicht auszuschließen, daß einige isolierte Vorkommen von *magnirostris* auf geeignetem chinesischem Gebiet liegen können, z. B. in den Bergwäldern der Provinzen Liau-tung, Liau-hsi, Jehol. Darauf bezieht sich auch der Hinweis SHAWS (1936): "Some breed in the Eastern Tombs area and other mountainous regions". Somit könnten die Exemplare, die sich in der Mandschurei bei Alto-Rian (N Pinsen; YAMASHINA 1939) vom 16. bis 21. 10. aufhielten, nahe ihres Brutortes gewesen sein und nicht unbedingt Umherstreifende aus anderen Gebieten.

Der Verbleib von *E. personata* in Korea ist bis jetzt noch nicht völlig geklärt. AUSTIN (1948) betrachtet sie nur als Durchzügler, obgleich ein von ihm erwähntes Exemplar aus Pyongan Pukto vom 26. 5. auch dort ansässig sein könnte. WON (1970) gibt an, *E. personata* sei im Sommer nicht selten im Norden Koreas (2 Ex. von Kyonggi-Do am 21. 5. und Anfang Mai), sei aber weniger häufig auf dem Zug im Süden der Koreanischen Halbinsel. Diese Meinung, Süd-Korea betreffend, vertreten auch GORE u. WON (1971). Reine *Pinus koraiensis*- und *Pinus*-Laubmischwälder in den nordkoreanischen Bergen, sowie weitläufige Wälder in den Tschang-pei-schan-Bergen, könnten die Vermutung zulassen, daß *E. p. magnirostris* auch im Norden Koreas brütet.

In Japan brütet *E. p. personata* auf den Inseln Hokkaido, Hondo und wahrscheinlich auf Kiuschiu (Check-List 1974).

Oekologie

Im Unterschied zu *E. migratoria* besiedelt *E. personata* dichte hochstämmige Nadel-Breitlaubwälder (Mandschurische Taiga) und an ihrer Stelle entstehende Sekundärgruppierungen von Laub- oder Mischwäldern, vorzugsweise an Abhängen von Bergkuppen und -kämmen der Gebirgszüge. Sie brütet in dichten Waldmassiven und in den Ebenen.

Im Amur-Becken (UdSSR und China) stimmt das Areal der Art genau mit der Verbreitung der Zirbel-Breitlaubwaldzone überein. An den Berghängen, die sich bis in die Ebenen erstrecken, sind die Zirbel-Laubwälder in Höhen von 200–900 m

FUNDORTLISTE

Nr.	Fundort		Quelle
1.	Kundur	NJ	JEFREMOW u. PANJKIN 1977
2.	Komsomolsk-na-Amure	BN	KISTJAKOWSKIJ u. SMOGORSHEWSKIJ 1973
—	Amursk	BN	KISTJAKOWSKIJ u. SMOGORSHEWSKIJ 1973
—	Churba	BN	KISTJAKOWSKIJ u. SMOGORSHEWSKIJ 1973
—	Manoma (IX.)		NETSCHAJEW 1963
3.	Petropawlowskoje-See	BAJ	NETSCHAJEW 1963
4.	Chechcir	A	KAZARINOW 1973
		B	KULESCHOWA et al. 1965
5.	Kija	B	KISLENKO 1969
6.	Wenjukowo	N	KISLENKO 1969
7.	Unterlauf des Bikin	N	KISLENKO 1969
—	Birskoje	B	KISLENKO 1969
8.	Unterlauf des Iman (= Bolschaja Ussurka)	BAN	SPANGENBERG 1940, 1965 (1964); KUZYAKIN u. LEONOWITSCH 1961
—	Werbowka	NAJ	Coll. Zool. Mus. Mosk. Staatl. Univ.
—	Gontscharowka	N	KUZYAKIN u. LEONOWITSCH 1961
9.	Oberlauf des Iman (= Bolschaja Ussurka)	B	KUZYAKIN u. LEONOWITSCH 1961
10.	Fluß Sica (= Serebrjanka)	B	KULESCHOWA 1976
11.	Tamga	A	Coll. Zool. Inst. Leningrad
12.	Unterlauf d. Odarka (bei Nowowladimirowka)	BJ	TSCHERSKIJ 1915
13.	Jewsejewka	A	Coll. Zool. Inst. Leningrad
14.	Ussurijsk (= Nikolsk-Ussurijsk = Woroschilow)	A	Coll. Zool. Inst. Leningrad
15.	Oberlauf d. Suputinka (= Komarowka; E Ussurijsk)	AB	IWANOW 1952; Coll. Zool. Inst. Leningrad; Coll. Biol.-potschw. Inst. Waldiwostok
16.	Majche (= Schtykowo), Mnogoudobnoje, Charitonowka, Pejschula (= Lesnoj kardon)	ABNJe	NEUFELDT (unveröffentl.); Coll. Zool. Inst. Leningrad
17.	Sutschan (= Partizansk)	A	Coll. Zool. Inst. Leningrad
—	Tigrowoj	J	Coll. Zool. Mus. Mosk. Staatl. Univ.
—	Kangauz (= Anisimowka)	AJ	Coll. Zool. Inst. Leningrad; Coll. Biol.-potschw. Inst. Wladiwostok
18.	Fluß Sudzuche (= Kiewka)	AB	? LITWINENKO u. SCHIBAJEW 1971
—	Fluß Tauche	AB	? BJELOPOLSKIJ 1950
19.	Askold-Insel	A	BOLAU 1881
20.	Wladiwostok	AJ	Coll. Zool. Inst. Leningrad, Coll. Zool. Mus. Mosk. Staatl. Univ.
—	Sedanka (Halbinsel Murawjewa-Amurskogo)	N	OMELKO 1963
21.	Primorskij	Ba	NAZARENKO 1971, PANOW 1973
22.	Echo (X.)		Coll. Zool. Inst. Leningrad
23.	Pyongan Pukto (26. V.)		AUSTIN 1948
—	Cholla Namdo (26. V.)		AUSTIN 1948
24.	Hokkaido	A	JAHN 1942
25.	Karuizawa	N	JAHN 1942
26.	Kyushu	A	JAHN 1942
27.	Hochebene Tschang-pei-schan	B	CHEN 1963

LITERATUR

AUSTIN 1948 — Bull. Mus. Comp. Zool. Harvard 101/1, 252.

AUSTIN u. KURODA 1953 — Bull. Mus. Comp. Zool. Harvard 109/4, 583.

BELOPOLSKIJ 1950 — Pamjati Suschkina. Moskwa-Leningrad. 366.

BOLAU 1881 — J. Orn. 29, 59.

BROMLEJ u. KOSTENKO 1974 — Trudy Biol.-potschw. inst. Dalnewost. nautsch. centra Akad. Nauk SSSR 17, 7; 11.

Check-List of Japanese Birds. 1974. — Tokyo. 326.

CHEN 1963 — Acta Zool. Sinica 15/4, 657.

CHENG et al. 1961 — Acta Zool. Sinica 13/1–4, 119.

EFREMOW u. PANJKIN 1977 — Shiw. mir Daln. Wost. Blagowestschensk. 2, 28.

GORE u. WON 1971 — Birds Korea. Seoul u. Tokyo. 395.

HEMMINGSEN u. GUILDAL 1968 — Spolia zool. Mus. haun. 28, 38.

IWANOW 1952 — Trudy Zool. Inst. Akad. Nauk SSSR 9, 1087.

JACOBI 1922 — Abh. Mus. Tierk. Völkerk. Dresden 16/1, 23–24.

JAHN 1942 — J. Orn. 90, 84–86.

KAZARINOW 1973 — Woprosy Geogr. Daln. Wost. 11, 19–20.

KIZLENKO 1969 — Ornitologija w SSSR. Aschchabad. 2, 282–285.

KISTJAKOWSKIJ u. SMOGORSHEWSKIJ 1973 — Woprosy Geogr. Daln. Wost. 11, 202.

KOLTHOFF 1932 — Medd. Göteborg Mus. Zool. Avdel. 59, 40.

KORENKOWA 1969 — Utsch. Zap. Mosk. gos. ped. Inst. „W. I. Lenin" 362, 147–149.

KOSTENKO u. NAZAROW 1967 — Mat. 12. nautschn. konf. Dalnewost. gos. Uniw. 2, 228–230.

KULESCHOWA 1976 — Ornitologija 12, 26–54.

KULESCHOWA et al. 1965 — Ornitologija 7, 103.

KUZYAKIN u. LEONOWITSCH 1961 — J. Orn. 102, 149–151.

LA TOUCHE 1900 — Ibis (7) 5, 36.

LA TOUCHE 1927 — Handb. Birds Eastern China. London. 1/4, 303–305.

phylla, Cerasus maximoviczii, Vitis amurensis usw. (IWANOW 1952, WOROBJOW 1954, NETSCHAJEW 1963, NETSCHAJEW u. NAZAROW 1967, KISLENKO 1969). Ein Schwarm von Maskenknackern, den KOLTHOFF (1932) am 12. Oktober im Chinkiang-Gebirge traf, fraß *Quercus variabilis*-Samen.

Die kleinere und schwächere Schnäbel besitzende japanische Nominatform, außerhalb der Brutzeit auch fast ausschließlich körnerfressend, ernährte sich außerdem von Samen der *Pasania cuspidata* (JAHN 1942). "... fruits, berries, bubs and seeds ... It does some damage to leguminous crops, particularly beans of various kinds ..." (AUSTIN u. KURODA 1953).

Wenn im zeitigen Frühjahr das Körnerfutter zu Ende ging und noch keine Insekten wieder vorhanden waren, beobachtete man, daß *Eophona p. magnirostris* z. B. am unteren Amur auch Knospen und noch nicht abgefallene Samen von *Acer mono* fraß (NETSCHAJEW 1963), Anfang Mai im südlichen Primorje Blüten, Sprosse und Blattstiele junger Blätter von *Acer mono*, Ende Mai dann junge Triebe von *Quercus mongolica* und *Juglans manshurica*. Mit dem reicher werdenden Insektenleben verringerte sich der Anteil pflanzlicher Nahrung, die nur noch als unbedeutende Beimischung im Futter vorhanden war (NEUFELDT unveröffentl.). Ihre bevorzugte Nahrung im Sommer (Juli bis August) sind Raupen von *Sphingidae, Noctuidae*; *Coleoptera*: *Selatosomus nigricornis, Gastrocina thoracica, Bytiscus, Agelasa nigriceps*; *Chrysomelidea, Hylobius, Curculionidae, Eurythrachus rubrofemoratus, Cicadodea* (NETSCHAJEW u. NAZAROW 1967).

Wanderungen

Eophona personata ist eine typische Art, deren saisonale Streifereien (Horizontal- und Vertikalstreifereien, auch über die Grenzen des Brutgebietes hinaus) abhängig vom jeweiligen Ertrag der Samen (Zirbelnüsse), die die Hauptwinternahrung bieten, sind. Daraus ergibt sich, daß diese Saisonverschiebungen in den einzelnen Jahren sogar in derselben Gegend unterschiedlich sein können. Im allgemeinen neigt die kontinentale Unterart (*magnirostris*) mehr zu diesen Wanderungen als die Inselform. Die Winterquartiere der teilweise ziehenden *E. p. magnirostris* können sowohl nahe des Brutgebietes, z. B. in der Provinz Hebei (WILDER u. HUBBARD 1938). als auch bedeutend entfernter davon liegen, z. B. in West-Szetchuan (JACOBI 1922, LA TOUCHE 1927) und in SE-China (Hunan; CHENG et al. 1961, Fujian; LA TOUCHE 1900). Auf dem Zug streift sie Korea (WON 1970, GORE u. WON 1971), fliegt längs der Küste SE-Chinas (LA TOUCHE 1927; HEMMINGSEN u. GUILDAL 1968) durch die Provinz Hebei (SHAW 1936, WILDER u. HUBBARD 1938) und Jiangsu (KOLTHOFF 1932). Bei Mißernten von *Pinus koraiensis*-Nüssen wird das Brutgebiet im Oktober/November in Richtung Südprimorje verlassen (TSCHERSKIJ 1915, WOROBJOW 1954, NETSCHAJEW u. NAZAROW 1967, PANOW 1973). In ertragreichen Jahren bleibt ein Teil der Vögel zum Überwintern im Brutgebiet, den Vorbergen des Sichote-Alin-Gebirges, wo dann nur Streifereien zur Nahrungssuche stattfinden. In den Jahren 1947—1948 lagen die Winteraufenthalte auch am Unterlauf des Bikin (WOROBJOW 1954). Die Anzahl der Überwinterer und die Dauer des Aufenthaltes im Brutgebiet ist von Jahr zu Jahr verschieden. So hielten sich im Ussuri (= Suputinskij)-Schutzgebiet im Winter 1967 viele *Coccothraustes coccothraustes* auf, aber nur einige *Eophona personata*, während 1968 zwischen dem 7. und 9. Februar bedeutend mehr *E. personata* nachgewiesen wurden. Schwärme von 10—30 Exemplaren hielten sich besonders an Zirbeln auf (NETSCHAJEW brfl. 1968). Wenig östlicher, im Gebiet der Siedlung Lesnoj Kordon (= Pejschula), gab es Anfang Dezember nur einige *E. personata, C. coccothraustes* dagegen war häufig (NAZAROW brfl. 1970). Im Gebiet von Ussurijsk tauchte *E. personata* im Dezember 1970 in großer Zahl auf, um dort zu verweilen, solange die Zirbelnüsse reichten (NAZARENKO brfl. 1970). Mitunter bleiben die Maskenknacker aber auch zum Überwintern in Gebieten, obwohl dort keine ausreichende Nahrung vorhanden war. So geschah es 1971, daß sich trotz sehr schlechter Nußernte *E. personata* und *C. coccothraustes* in Massen in der Umgebung von Wladiwostok (NAZAROW brfl. 1971) aufhielten und ein großer Teil der Maskenknacker in der zweiten Winterhälfte offenbar aus Hunger zugrunde ging.

Eophona p. personata ist im allgemeinen seßhaft, nur einige überwintern von Oktober bis Mitte April im südlichen Japan (AUSTIN u. KURODA 1953): Süd-Hondo, Schikoku (im Oktober in Mittel-Hondo beringte Vögel wurden im November und Februar in Süd-Schikoku gefunden), auf Kiuschiu; nicht selten gelangten Exemplare auf die Izu- und Ogasawara-Inseln, Quelpart-Inseln (1 Mal), Taiwan (1 Mal), Fukien (?) (Check-List 1974). Bei Kobe und Osaka erschienen die Vögel im Oktober und blieben dort bis Anfang Mai; von ihren in den Bergen gelegenen Brutorten steigen sie im Oktober bis November in die Ebenen herab und verweilen dort bis zur zweiten Aprilhälfte (JAHN 1942). Bei der kontinentalen *E. p. magnirostris* spielt die Entfernung vom Winterquartier zum Brutgebiet eine wesentliche Rolle für den Rückzugstermin. Die frühesten Angaben vom Erscheinen an den Brutorten stammen aus dem Lazowskij (= Sudzuchinskij)-Schutzgebiet vom 21. 3. 1959 (LITWINENKO u. SCHIBAJEW 1971) und vom Unterlauf der Odarka vom 28. 3. 1911 (TSCHERSKIJ 1915). Nach Auskunft NAZARENKOS (1970 brfl.) erfolgte 1962 und 1963 im Gebiet von Ussurijsk ein Massenzug zwischen dem 1.—10. Mai; hingegen gab es 1967 und 1969 dort Anfang Mai keinen einzigen Vogel. In diesen Jahren erschienen die Rückkehrer erst am 24. Mai, woraus zu schließen ist, daß die Winterherbergen weiter entfernt lagen. Auch in den folgenden Jahren differierten die Ankunftsdaten deutlich.

Über Exemplare, die im Frühjahr oder Anfang Sommer außerhalb ihres Areals gefunden worden sind, liegen nur spärliche Nachrichten vor: Auf Kunaschir am 17. 5. und vom 14.—27. 5. 1963 einige *E.p. personata* in Schwärmen von *Coccothraustes coccothraustes* (NETSCHAJEW 1965), auf Moneron am 18. 5. 1973 (NETSCHARJEW 1975); eine *E. p. magnirostris* auf Moneron am 21. 5. 1973 (NETSCHAJEW 1975); eine *E. p. personata* bei Cheju-do in Korea gefangen (GORE u. WON 1971).

X

1982

Eophona migratoria Hartert

bearbeitet von

I. A. NEUFELDT und E. v. VIETINGHOFF-SCHEEL

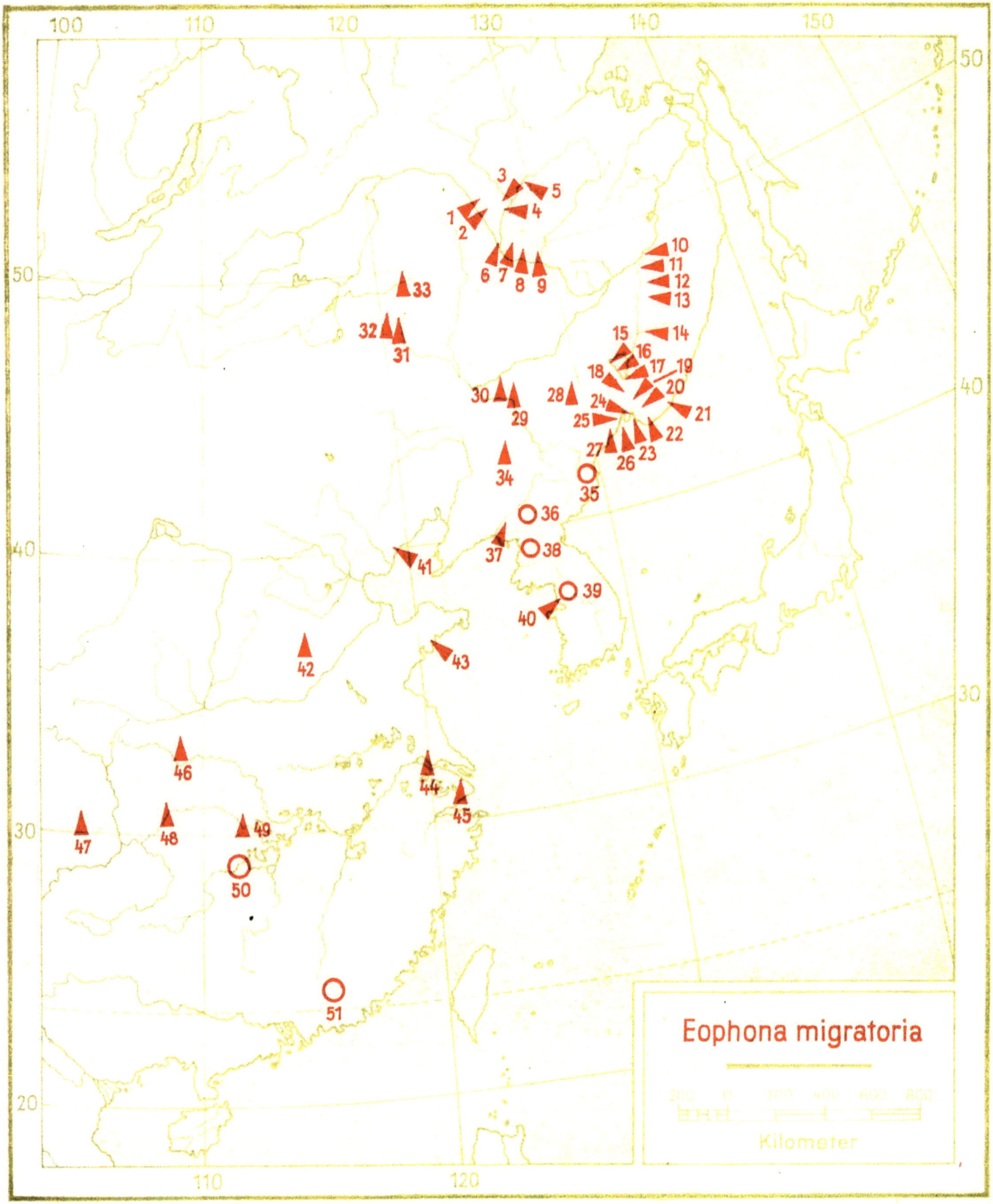
Eophona migratoria
Kilometer

Zur Verbreitung

Das Areal von *E. migratoria* umfaßt den tiefliegenden und leicht hügeligen Teil Ost-Asiens, hauptsächlich die Täler der großen Ströme und ihrer Nebenflüsse: Priamurje, Primorje, Nordost-China, Nord-Korea, Ost-China und die dem Jangtse-Becken benachbarten Gebiete Zentral- und Süd-Chinas. Die Nordgrenze des Brutgebiets zieht sich entlang des Amur-Beckens vom Tal des Uschumun durch Noworossijka nach Osten bis zum Petropawlowskoje-See. Die Ostgrenze, bis zum Ussuri und den Niederungen seiner rechten Nebenflüsse, reicht nur südlich vom Fluß Sudzuche (= Kiewka) bis zu den östlichen Abhängen des Sichote-Alin-Gebirges und bis zum Meer; dann wendet sie sich diagonal durch den südlichen Teil Koreas bis zur Meeresküste in China zur Provinz Fohkien. Hier endet die Südgrenze der Verbreitung, doch ist nicht auszuschließen, daß sie bis zur Provinz Kwantung weiterreicht, da sich im Zoologischen Museum Berlin ein Exemplar vom 1. 7. (P. 51) befindet. Im Westen erreicht *E. migratoria* im Jangtse-Becken die Provinz Szetchuan, wo sie anscheinend in geringer Zahl im Roten Becken brütet; in Nordost-China geht die Westgrenze bis zum Großen Chingan.

Oekologie

Der Kleine Maskenknacker brütet in hellen, sehr lichten Laub- oder Mischwäldern in offenen Flußtälern, Tiefländern der Meeresküsten, an Abhängen von Hügeln und auf bis in 800 m Höhe reichenden Plateaus, in Parks und Gärten. In der Taiga und in Gebirgswäldern hält er sich im Unterschied zu *Eophona personata* nicht auf. Im mittleren Amurland (NEUFELDT 1960) sind lichte Wälder aus *Betula dahurica* und *Betula platyphylla* mit einzelnen hohen *Larix dahurica* und dichtem Unterholz aus *Corylus heterophylla*, die bis zum Rand versumpfter Niederungen heranwachsen, beliebte Brutstätten. Gern bewohnen diese Knacker auch ähnliche Wälder aus *Quercus mongolica*, vermischt mit *Larix dahurica* und Gestrüpp von Eichenjungwuchs. Im reinen niedrigen Eichengebüsch auf angehobenem Plateau (bis 300 m über dem Meeresspiegel) mit Unterholz aus *Lespedeza bicolor* und *Rhododendron dahuricum*, und in gut entwickeltem Baumbestand brütet er seltener, ebenso auch in Eichen-Kiefern(*Pinus silvestris*)-Wäldern, reinen Wäldern aus *Betula dahurica* mit *Corylus heterophylla* vermischt und auf wiederbewachsenen Kahlschlägen. Unter analogen Bedingungen wurden Nester dieser Art am Petropawlowskoje-See (NETSCHAJEW 1963, 1974), im Ussuri-Becken und im Süden des Primorsker Kreises gefunden. Teilweise setzten sich dort die Wälder aus anderen Baumarten zusammen; so waren es z. B. bei der Siedlung Primorskij (S-Primorje) lichte Talwälder aus *Fraxinus mandshurica* und *Alnus japonica*, in der Primorsker Ebene solche aus *Alnus japonica* (PANOW 1973, NAZAROW brfl. 1975), beim Dorf Kiewka aus *Malus pallasina* (LITWINENKO u. SCHIBAJEW 1971).

Eophona migratoria brütet auf Bäumen. Unbedingt notwendig für die Anlage des außen ziemlich lockeren Nestes, das nicht in Zweige eingeflochten wird, sind sichere Stützen, einmal in Form von Quirlen vertikal abgehender Äste am Gipfel des Hauptstammes in 1,5—9 m Höhe oder statt ihrer Bruch- oder Schadstellen, was für die Mehrzahl der Nester auf Laubbäumen zutrifft. Zum anderen sind es vertikale Triebe aus dicken horizontalen Ästen, auf die die Nester in 1,5 bis 2 m Abstand vom Hauptstamm gebaut sind. So ist die Mehrzahl der Nester auf Kiefern und Lärchen angeordnet, 8—20 m von der Erde entfernt.

Im Süden des Amur-Zeja-Plateaus waren von 33 Nestern 13 auf *Betula dahurica*, 10 auf *Quercus mongolica*, 7 auf *Larix dahurica*, 2 auf *Pinus silvestris*, 1 auf *Betula platyphylla* (NEUFELDT 1960 u. unveröffentl.) errichtet worden. Im selben Gebiet fanden DYMIN et al. (1977) auch noch Nester in *Padus asiatica*, *Malus pallasina*, *Crataegus* und *Salix*.

Für das Süd-Primorje-Gebiet kommen außerdem noch hinzu *Ulmus japonica*, *Ulmus propinqua*, *Alnus japonica*, *Tilia amurensis*, *Pyrus ussuriensis*, *Maackia amurensis* (WOROBJEW 1954, PANOW 1973, NAZAROW brfl. 1975).

Das Nest ist außen recht locker und aus dünnen Ästchen gebaut, z. B. von *Larix dahurica*, *Betula dahurica*, *Betula platyphylla* im Amur-Gebiet (NEUFELDT 1960 u. unveröffentl.), *Alnus japonica* und *Padus asiatica* im Primorskij-Kreis (NAZAROW brfl. 1975); als Ergänzung, aber manchmal auch völlig, aus Stengeln, Blättern, Blütenständen oder kompletten krautartigen Pflanzen (im Amur-Gebiet sind es Farne, Blüten von Umbelliferen, Grasstengel, Fruchtblätter von *Aconitum*, Blätter von *Cypripedium ventricosum* und *Lilium tenuifolium*, ganze *Leontopodium leontopodioides*-Pflanzen, im Primorje aus Gräsern (Seggen) und *Clematis*. Zur Festigung dieses Materials verwenden die Vögel elastische Zweigchen von Schachtelhalm, Flechten, Würzelchen, Birkenrindenstückchen, flaumige Samen von *Eriophorum* und Spinnweben; die Nester in der Nähe menschlicher Siedlungen wiesen aber auch Papierstückchen und Fäden auf. Außerdem wird das Nest nach außen hin noch getarnt. Die Innenschicht des Nestes, die einen dichten und recht tiefen Napf bildet, besteht aus weicheren Gräsern, Würzelchen oder nur aus Rindenstückchen von *Populus davidiana*, *Pinus silvestris*, *Salix*, *Padus*, *Tilia*, *Vitis amurensis*. Ausgelegt ist die Nestmulde mit kleinen Wurzeln, Pflanzenranken und dünnen Gräsern. LA TOUCHE (1927), der das Nest von *Eophona migratoria sowerbyi* beschreibt, erwähnt als Hauptmaterial Bambusblätter und als ihr Bindemittel neben Spinnweben auch Schmutzteilchen, die aber nie in einem der vielen beschriebenen Nester der Nominatform gefunden worden sind.

Normal ist ein Gelege im Jahr. Die Bruttermine liegen im ganzen Areal nahezu gleich.

Bei der Nominatform beginnt die Eiablage im Amur-Gebiet (NEUFELDT 1960 u. unveröffentl.; DYMIN et al. 1977) und im Primorskij-Kreis (WOROBJOW 1954, LITWINENKO u. SCHIBAJEW 1971, PANOW 1973, NETSCHAJEW 1974, NAZAROW brfl. 1975) gewöhnlich in der ersten Juni-Hälfte (4.—13. 6.), selten Ende Mai (26.—31. 5.) oder zweite Hälfte Juni (16., 23. 6.) und auch manchmal im Juli (7. 7.). Ende Juli, bei Spätbruten im August, sind die Jungen flügge. In Korea (AUSTIN 1948)

LITERATUR

AUSTIN 1948 — Bull. Mus. Comp. Zool. Harvard 101/1, 252–253.
AUSTIN u. KURODA 1953 — Bull. Mus. Comp. Zool. Harvard 109/4, 584.
BANGS u. PHILLIPS 1914 — Bull. Mus. Comp. Zool. Harvard 58/6, 299.
CALDWELL u. CALDWELL 1931 — South China Birds. Shanghai. 27–28.
CAMPBELL 1892 — Ibis (4) 6, 240.
Check-List Japanese Birds 1974 — Tokyo. 325.
CHENG et al. 1961 — Acta Zool. Sinica 13, 119.
DYMIN et al. 1977 — Shiw. mir Daln. Wost. Blagowestschensk. 3, 52–55.
FENNELL 1965 — Misc. Rep. Yamashina Inst. Orn. 4/3–4 (23/24), 182.
GORE u. WON 1971 — Birds Korea. Seoul u. Tokyo. 397.
HEMMINGSEN u. GUILDAL 1968 — Spolia Zool. Mus. haun. 28, 39.
INGRAM 1909 — Ibis (9) 3, 440.
JACHONTOW 1963 — Wopr. geogr. Daln. Wost. Chabarowsk. 6, 221.
JACOBI 1922 — Abh. Mus. Tierk. Völkerk. Dresden 16/1, 24.
KATO 1962 — Tori 17/79–80, 206.
KAWAGUCHI 1920 — Dobutsugaku Zasshi. 95.
KISLENKO 1969 — Utsch. zap. Moskow. obl. ped. inst. 224/7, 49–74.
KIYOSHU 1934 — Yacho. 885.
KOLTHOFF 1932 — Medd. Göteborg Mus. Zool. Avdel. 59, 40–41.
KULESCHOWA et al. 1965 — Ornitologija 7, 100.
KUMAGAI 1928 — Ann. Orn. Orient. 284.
LABZJUK et al. 1971 — Trudy Biol.-potschw. inst. Dalnewost. nautsch. centra Akad. Nauk SSSR, N. S., 6, 75.
LA TOUCHE 1920 — Ibis (11) 2, 885.
LA TOUCHE 1923 — Ibis (11) 5, 630.
LA TOUCHE 1927 — Handb. Birds Eastern China. London. 1, 300–303.
LITWINENKO u. SCHIBAJEW 1971 — Trudy zapow. „Kedrowaja padj" 2, 166.
LOUKASHKIN 1939 — Rep. Inst. Sci. Res. Manchoukuo 3, 1–38.
MEISE 1934 — Abh. Ber. Mus. Tierk., Völkerk. Dresden 18/2, 17–18.
NAZARENKO 1971 — Trudy Biol.-potschw. inst. Dalnewost. nautsch. centra Akad. Nauk SSSR, N. S., 6, 48.
NETSCHAJEW 1963 — Ornitologija 6, 180.
NETSCHAJEW 1974 — Trudy Biol.-potschw. inst. Dalnewost. nautsch. centra Akad. Nauk SSSR, N. S., 17, 153.
NETSCHAJEW 1979 — Ornitologija 14, 111.
NEUFELDT 1960 — Zool. Sh. 39/4, 585–594.
NEUFELDT 1965 — Trudy Zool. Inst. Akad. Nauk SSSR 35, 319–348.
OGILVIE-GRANT 1900 — Ibis (7) 6, 580.
OMELKO 1956 — Trudy Dalnewost. fil. Akad. Nauk SSSR, Zool. 3 (6), 348–349.
PANOW 1973 — Pticy Jushn. Primorja. Nowosibirsk. 289–290.
SCHÄFER 1938 — J. Orn. 86 (SH), 294–295.
SHAW 1936 — Zoologia Sinica. Ser. B, 15, 842–843.
SMOGORSHEWSKIJ 1966 — Nautschn. dokl. wyssch. schkoly. Biol. nauki. 2, 29.
SMYTHIES 1953 — Birds Burma. Edinburgh-London. 233.
SOWERBY 1923 — The Naturalist in Manchuria. Birds. Tientsin. 3, 128–129.
SPANGENBERG 1965 (1964) — Sbornik trud. Zool. Mus. Mosk. Univ. 9, 170–171.
STEGMANN 1931 — J. Orn. 79, 149.
TACZANOWSKI 1888 — Proc. Zool. Soc. London. 450–468.
THIEDE 1974 — Misc. Rep. Yamashina Inst. Orn. 7/3 (41), 331.
TSCHERSKIJ 1915 — Zap. ob. izutsch. Amursk. kraja 14, 262.
VAUGHAN u. JONES 1913 — Ibis (10) 1, 167.
VAURIE 1956 — Amer. Mus. Novit. 1788, 15–19.
VAURIE 1959 — Birds palearct. Fauna. Passeriformes. London. 664.
WEIGOLD 1935 — J. Orn. 83 (SH), 50.
WILDER u. HUBBARD 1938 — Birds Northeast. China. Peking. 158.
WOLFE 1950 — Auk 67, 454.
WON 1934 — Bull. Kagoshima Coll. Agr., For. 1, 80.
WON et al. 1968 — Misc. Rep. Yamashina Inst. Orn. 5/3 (29), 276.
WOROBJOW 1954 — Pticy Ussurijsk. kraja. Moskwa. 177–178.
YAMASHINA 1932 — Tori 7, 218.
YAMASHINA 1939 — Tori 10, 462–463.

Briefliche Auskünfte erteilten: NAZAROW (Süd-Primorje), PUKINSKIJ (Fluß Bikin), WINTER (Südamur-Gebiet).

Eophona migratoria Hartert

Kleiner Maskenknacker

Verwandtschaft

Nächstverwandt mit *Eophona personata* (Temminck u. Schlegel), mit der sie im Nordostteil des Areals sympatrisch ist. Jedoch nehmen beide Arten völlig verschiedene Biotope ein und sind somit ökologisch gut abgegrenzt.

Gliederung

Zwei Unterarten, die sich geringfügig in der Gefiederfärbung und in der Größe unterscheiden, mehr aber in Form und Ausmaß der Schnäbel (VAURIE 1956): *Eophona migratoria migratoria* Hartert bewohnt den nördlichen Teil des Areals, während *E. m. sowerbyi* Riley dunkler gefärbt und größer, mit massiverem Schnabel, südlich der chinesischen Provinz Shantung vorkommt.

FUNDORTLISTE

Nr.	Fundort		Quelle
1.	Fluß Uschumun (40 km N Kumara)	AB	Stegmann 1931
2.	Simonowo, Korsakowo	ANJc	Neufeldt 1965
3.	Fluß Malaja Pera	ANJc	Neufeldt (unveröffentl.)
—	Nylga, Sukromli	ANJc	Neufeldt (unveröffentl.)
4.	Klimoucy	ANJc	Neufeldt 1960
—	Zigowka, Kostjukowka, Swobodnyj	ANJc	Neufeldt 1960
5.	Noworossijka	Ba	Smogorshewskij 1966
6.	Aihon	J	Yamashina 1939
—	Blagowestschensk	ANJc	Neufeldt (unveröffentl.)
7.	Swobodnoje	ANJs	Winter (brfl. 1979)
—	Ukraina	ANJs	Winter (brfl. 1979)
8.	Fluß Archara	ANJs	Winter (brfl. 1979)
9.	Unterlauf d. Uril	ANJs	Winter (brfl. 1979)
—	Chingan	ANJs	Winter (brfl. 1979)
10.	Petropawlowskoje-See	ANJ	Netschajew 1963, 1974
11.	Chechcir	B	Kuleschowa et al. 1965
12.	Wenjukowo	BN	Kislenko 1969
13.	Unterlauf d. Bikin	N	Pukinskij (brfl. 1979)
14.	Werbowka (Unterlauf d. Iman = Bolschaja Ussurka)	AN	Spangenberg 1965
15.	Westufer des Chanka-Sees: Turij Rog	A	Coll. Zool. Inst. Leningrad; Coll. Biol.-potschw. Inst. Wladiwostok
—	Troickoje	A	Tscherskij 1915; Coll. Zoomus. Mosk. Staatl. Univ.
16.	Kamenj Rybolow	A	Tscherskij 1915
17.	Südufer des Chanka-Sees: Siwakowka	A	Coll. Zool. Inst. Leningrad
	Altynowka	A	Coll. Zool. Inst. Leningrad
18.	Ussurijsk (= Nikolsk-Ussurijskij = Woroschilow)	A	Coll. Zool. Inst. Leningrad; Coll. Zoomus. Mosk. Staatl. Univ.
19.	Majche (= Schtykowo)	A	Coll. Zoomus. Mosk. Staatl. Univ.
—	Pejschula (= Lesnoj Kardon)	J	Coll. Zool. Inst. Leningrad
—	Schkotowo	A	Coll. Biol.-potschw. Inst. Wladiwostok
20.	Sutschan (= Partizansk)	A	Coll. Zool. Inst. Leningrad
—	Kangauz (= Anisimowka)	J	Coll. Zool. Inst. Leningrad
21.	Fluß Sudzuche (= Kiewka)	ANJc	Litwinenko u. Schibajew 1971
—	Dorf Kiewka	A	Coll. Zool. Inst. Leningrad; Coll. Zoomus. Mosk. Staatl. Univ.
—	Tatschingouz	A	Coll. Zool. Inst. Leningrad; Coll. Zoomus. Mosk. Staatl. Univ.
22.	Nachodka	A	Coll. Zool. Inst. Leningrad; Coll. Zoomus. Mosk. Staatl. Univ.
23.	Askold-Insel	A	Coll. Zoomus. Mosk. Staatl. Univ.
24.	Wladiwostok	AN	Tscherskij 1915, Worobjow 1954
—	Sedanka	A	Tscherskij 1915
—	Tawritschanka	A	Coll. Zool. Inst. Leningrad
—	De-Vries-Halbinsel	A	Coll. Biol.-potschw. Inst. Wladiwostok

Nr.	Fundort		Quelle
—	Lantschiche	J	Worobjow 1954; Coll. Zool. Inst. Leningrad
25.	Primorskij	BANJ	Nazarenko 1971, Panow 1973
—	Sidimi (= Nishnjaja Narwa)		Neufeldt (unveröffentl.); Coll. Zool. Inst. Leningrad; Coll. Biol.-potschw. Inst. Wladiwostok
26.	Inseln in der Peter-des-Großen-Bucht: Popowa	AN	Labzjuk et al. 1971; Coll. Biol.-potschw. Inst. Wladiwostok
	Bolschoj Pelis	JN	Labzjuk et al. 1971; Coll. Zool. Inst. Leningrad
	Rejneke	AN	Labzjuk et al. 1971; Coll. Zool. Inst. Leningrad
	Rikorda	N	Labzjuk et al. 1971
	Stenina	N	Labzjuk et al. 1971
	De-Liwona	N	Labzjuk et al. 1971
—	Gamowa-Halbinsel	A	Coll. Zoomus. Mosk. Staatl. Univ.
27.	Posjet-Bucht: Kraskino (= Nowokiewsk)	AJ	Worobjow 1954; Coll. Zool. Inst. Leningrad
	Golubinyj utes	A	Coll. Zool. Inst. Leningrad
28.	Echo	AJ	Coll. Zool. Inst. Leningrad
29.	Hsiaoling	A	Yamashina 1939
—	Maoerschan	BAJ	Meise 1934; Coll. Mus. Dresden
30.	Charbin	BA	Meise 1934; Coll. Mus. Dresden
—	Chengoutze	A	Yamashina 1939
31.	Dshalantun	BA	Meise 1934; Coll. Mus. Dresden
32.	Jalu	BA	Sowerby 1923; Coll. Zool. Inst. Leningrad
33.	Urkichikhan	A	Loukashkin 1939
34.	Chu-chia Tai	A	Ingram 1909
35.	Hamgyong Pukto	A	Austin 1948
36.	Pyongan Pukto	A	Austin 1948
37.	Riuganpu	A	Yamashina 1932
38.	Pyongan Namdo	AN	Austin 1948
		B	Won 1934
39.	Seoul	N	Wolfe 1950
—	Kyonggi Do	A	Taczanowski 1888
		B	Won 1934
—	Ikaru	N	Austin 1948
40.	Chemulpo (= Inch'on)	Js	Campbell 1892
		N	Wolfe 1950
41.	Chingwangtao	Ac	Hemmingsen u. Guildal 1968
—	Shanhaikuan	A	La Touche 1920
—	Pei-tai-ho	A	Hemmingsen u. Guildal 1968
42.	Tiau-kau (29. I.)		Coll. Zool. Mus. Berlin, Coll. Mus. Dresden
43.	Chimo	A	Vaurie 1956
44.	Chinkiang	BNc	La Touche 1927
		A	Kolthoff 1932
45.	Shanghai	Bc	Caldwell u. Caldwell 1931
46.	S Tsinling	A	Cheng et al. (Manuskript)
47.	Tschengtu	AJ	Schäfer 1938
48.	Wanghien	AJ	Schäfer 1938
49.	Ichang	AJ	Schäfer 1938
50.	Hunan	A	Cheng et al. 1961
51.	Kuangtung	A	Coll. Zool. Mus. Berlin

in der Provinz Kyonggi Do wurde am 23. 5. ein Nest mit Eiern gefunden, in der Provinz Pyongan Namdo im Mai ein Nest mit zwei Eiern.

Eophona m. sowerbyi brütet nach LA TOUCHE (1927) in Chinkiang im Mai/Juni; in Szetschwan beobachtete SCHÄFER (1938) fast erwachsene Jungvögel im Juli.

Bei der Nominatform besteht das Gelege gewöhnlich aus 5, seltener aus 4 oder 6 Eiern (NEUFELDT 1960 u. unveröffentl., NAZAROW brfl. 1975, DYMIN et al. 1977). Für *E. m. sowerbyi* ist nur ein Hinweis von LA TOUCHE (1927) über ein Gelege von 4 Eiern bekannt. Die Eischale ist schmutzig-himmelblau oder von grünlichem Grundton, mit dunkelbraunen Oberflecken, die unterschiedlich dicht angeordnet und mit geschlängelten Linien und grauen Unterflecken bedeckt sind. Über die Mauser siehe NEUFELDT (1965).

Die Alt- und Jungvögel von *E. m. migratoria* leben während der Sommerperiode von tierischer Nahrung (Insekten, seltener Spinnen). Im Amur-Gebiet waren es hauptsächlich Raupen und Puppen von Lepidopteren (Geometridae, Noctuidae, Tortricidae, *Dendrolimus sibiricus*), Larven von Coleopteren (Chrysomelidae: *Melasoma* spec., Curculionidae: *Bytiscus rugosus*) und Hymenopteren (Tenthredinidae). Die Imagines dieser Insekten und aus der Ordnung der Coleopteren die Pracht- und Bockkäfer, Pentatomidae, *Lyristis bihamata*, Orthopteren, Dipteren (*Tipula*, *Tabanus*) fressen sie nicht häufig. Nach Auskunft NAZAROWS (brfl. 1975) wurden im südlichen Primorje die Nestlinge mit Raupen der Sphingidae gefüttert. Die Futterration koreanischer Nestjunger bestand im Juni aus 86,6% Insektenlarven (darunter 52,8% Raupen von Sphingidae) und 13,02% Imagines (WON 1968); in den Mägen erlegter Vögel befanden sich hauptsächlich Coleopteren, Hymenopteren, Lepidopteren (FENNELL 1965). Pflanzliche Nahrung war in der Sommerperiode sehr selten, häufiger im Juli, festgestellt worden. Zur Zeit der Beerenreife ernährten sich die Vögel auch von *Padus asiatica* (KISLENKO 1969) und *Lonicera chrysantha* (WOROBJOW 1954); ebenfalls dienten die Samen von *Alnus japonica* (PANOW 1973), *Salix*, *Populus*, *Taraxacum mongolicum* und *Trollius chinensis* (DYMIN et al. 1977) als Futter.

Im Herbst, schon ab der 2. August-Hälfte, bilden sich gemischte Schwärme von *Eophona migratoria* und *Coccothraustes coccothraustes*, die als Hauptnahrung die Kerne der Sonnenblumen bevorzugen (PANOW 1973, DYMIN et al. 1977). Von Winterende bis zum Frühling, also sowohl im Winterquartier wie auch auf dem Zug und in den ersten Tagen nach der Ankunft im Brutgebiet (bis zum Auftreten der Insekten), fressen die Vögel Samen und Knospen: In der Provinz Hopei ist es Unkrautsamen (SHAW 1936), in Kiangsu sind es Blatt- und Blütenknospen (KOLTHOFF 1932), im südlichen Primorje Blüten (Kätzchen) von *Quercus mongolica* (WOROBJOW 1954) und *Chosenia macrolepis* (PANOW 1973).

SCHÄFER (1938) beobachtete in Szetschuan einen Trupp Alt- und Jungvögel, der in ein Hirsefeld eingeflogen war und dort die hohen Fruchtrispen anflog, so daß sich die senkrechten Stengel unter der Last der Tiere bogen.

In der Provinz Fohkien dienten im Winter Früchte verschiedener Baumarten aus Gärten und Wäldern als Futter (CALDWELL u. CALDWELL 1931), in Kiangsu waren es im Februar bis März Blattknospen von *Salix* und am 17. 4. geöffnete Blüten von *Prunus* (KOLTHOFF 1932).

Wanderungen

Die Nominatform wandert aus ihrem gesamten nördlichen Areal in das Winterquartier; nur sehr wenige Exemplare bleiben noch längere Zeit nahe des Brutortes und können auch den Winter über dort verweilen, z. B. ein Vogel vom 6. 1. aus dem südlichen Primorje bei Patschicheza (in Coll. Zool. Inst. Leningrad); weitere aus Korea vom 20. 12. aus Kyongii Do, 24. 12. aus Cholla Namdo (AUSTIN 1948).

Das Hauptüberwinterungsgebiet von *E. m. migratoria* befindet sich in Ost-China; so wurden sie von Februar bis April sehr häufig in Shansi (KOLTHOFF 1932), in Hunan (CHENG et al. 1961), Fohkien und Kwantung (LA TOUCHE 1927) angetroffen. Manche erreichten auch Yünnan (BANGS u. PHILLIPS 1914) und Burma (SMYTHIS 1953). Ebenfalls überwintern sie auf den Quelpart-Inseln (Check-List 1974), auf Tsushima (THIEDE 1974) und Kiushu (KAWAGUCHI 1920, KUMAGAI 1928). Das Winterquartier verlassen die Vögel im April (z. B. Chekiang Ende des Monats), aber einige wenige wurden auf dem Zug nach Norden noch am 2. und 7. 5. beobachtet (KOLTHOFF 1932). Die Provinz Chebej wird noch im Mai durchflogen (SHAW 1936, WILDER u. HUBBARD 1938). Im Brutgebiet, z. B. bei Chingwangtao, kamen die ersten Rückkehrer am 8. 5. (HEMMINGSEN u. GUILDAL 1968), im südlichen Primorje ebenfalls in der ersten Mai-Hälfte (OMELKO 1956, LITWINENKO u. SCHIBAJEW 1971, LABZJUK et al. 1971, PANOW 1973, NAZAROW brfl. 1975) an; in der zweiten Mai-Hälfte auf den Inseln in der Bucht Peter d. Großen ein ziehender Schwarm von mehr als 150 Vögeln (LABZJUK l. c.); in Süd-Korea erscheinen sie Anfang Mai (GORE u. WON 1971); in Nordost-China (Mandschurei), z. B. bei Jalin, Ankunft im April, gewöhnlich im Mai (SOWERBY 1923); bei Echo ein Exemplar am 1. 5. erlegt (Coll. Zool. Inst. Leningrad); bei Bago Durchzug vermerkt am 17. 5. (JACOBI 1922, WEIGOLD 1935); bei Charbin Ex. erlegt am 8. 5. (Coll. Mus. Dresden); im Amur-Gebiet erschienen sie im Laufe von 6 Jahren mit erstaunlicher Genauigkeit zwischen dem 19. und 23. 5. (NEUFELDT 1960 u. unveröffentl.).

Abflug aus dem Brutgebiet: Im südlichen Primorje in der ersten September-Hälfte; nur einzelne Vögel bleiben dort bis Ende des Monats (LABZJUK l. c., LITWINENKO u. SCHIBAJEW 1971). In China, in der Gegend von Chingwangtao, wurden die letzten am 14. 9. bemerkt (HEMMINGSEN u. GUILDAL 1968), in Süd-Korea bis Ende Oktober (GORE u. WON 1971). Zugbeobachtungen liegen von der Provinz Chebei aus den Monaten September, Oktober und noch vom November vor (SHAW

1936, WILDER u. HUBBARD 1938), am Unterlauf des Jangtsekiang (Insel Schaweischandao) vom September (LA TOUCHE 1927).

Zur Zeit des Herbstzuges verfliegen sich regelmäßig Exemplare nach Zentral- und Süd-Chonsu (wo einige auch überwintern), seltener nach Nord-Chonsu (KUMAGAI 1928, KIYOSU 1934, AUSTIN u. KURODA 1953, KATO 1962), ebenso auf die Riu-Kiu-Inseln Irimote und Yonakuni und auf die Insel Titidzima (= Chichi) der Ogasawara-Inseln (Check-List 1974) und nach Taiwan (VAURIE 1959, Check-List 1974). Sehr frühe Zugdaten liegen von den Inseln Izu, Niijima (4. 3.) und Hachiro (22. 3.) vor (AUSTIN u. KURODA 1953). Im Frühjahr und Sommer konnten auch an der Nordost-Grenze des Areals Beobachtungen gemacht werden: Eine Gruppe am 27. 5. am unteren Amur beim Bolonj-See (JACHONTOW 1963), einzelne am 27. 5., 15. und 20. 6. auf Süd-Sachalin (NETSCHAJEW 1979).

Eophona migratoria sowerbyi ist im größten Teil ihres Areals seßhaft, im Winter gewöhnlich am Unter- und Mittellauf des Jangtsekiang (JACOBI 1922, LA TOUCHE 1927), wo sie nur unbedeutende Streifereien zur Futtersuche unternimmt. Jedoch scheint ein Teil der Population außerhalb der Brutzeit weitere Flüge, die über das Brutgebiet hinausreichen, zu machen, wie folgende Angaben zeigen: CALDWELL u. CALDWELL (1931) fanden *E. m. sowerbyi* zur Brutzeit nicht in der Provinz Fujian, wo sie im Winter aber häufig waren; Ende April/Anfang Mai verziehen sich die Vögel dann bis zur Grenze der Provinz. VAUGHAN u. JONES (1913) bezweifelten das Brüten bei Hongkong, wo *E. m. sowerbyi* regelmäßig im Januar, Februar, März und April auf dem Durchzug nach Norden ist.

Da diese Angaben es nicht zulassen, *Eophona migratoria sowerbyi* als völlig seßhaft zu bezeichnen, muß man bis zum endgültigen Erhalt von Brutnachweisen aus Yünnan die außerhalb der Brutzeit liegenden Funde bei der Dokumentierung des Areals mit Vorbehalt behandeln.

X

1982

Paradoxornis heudei David

bearbeitet von

I. A. NEUFELDT und K. WUNDERLICH

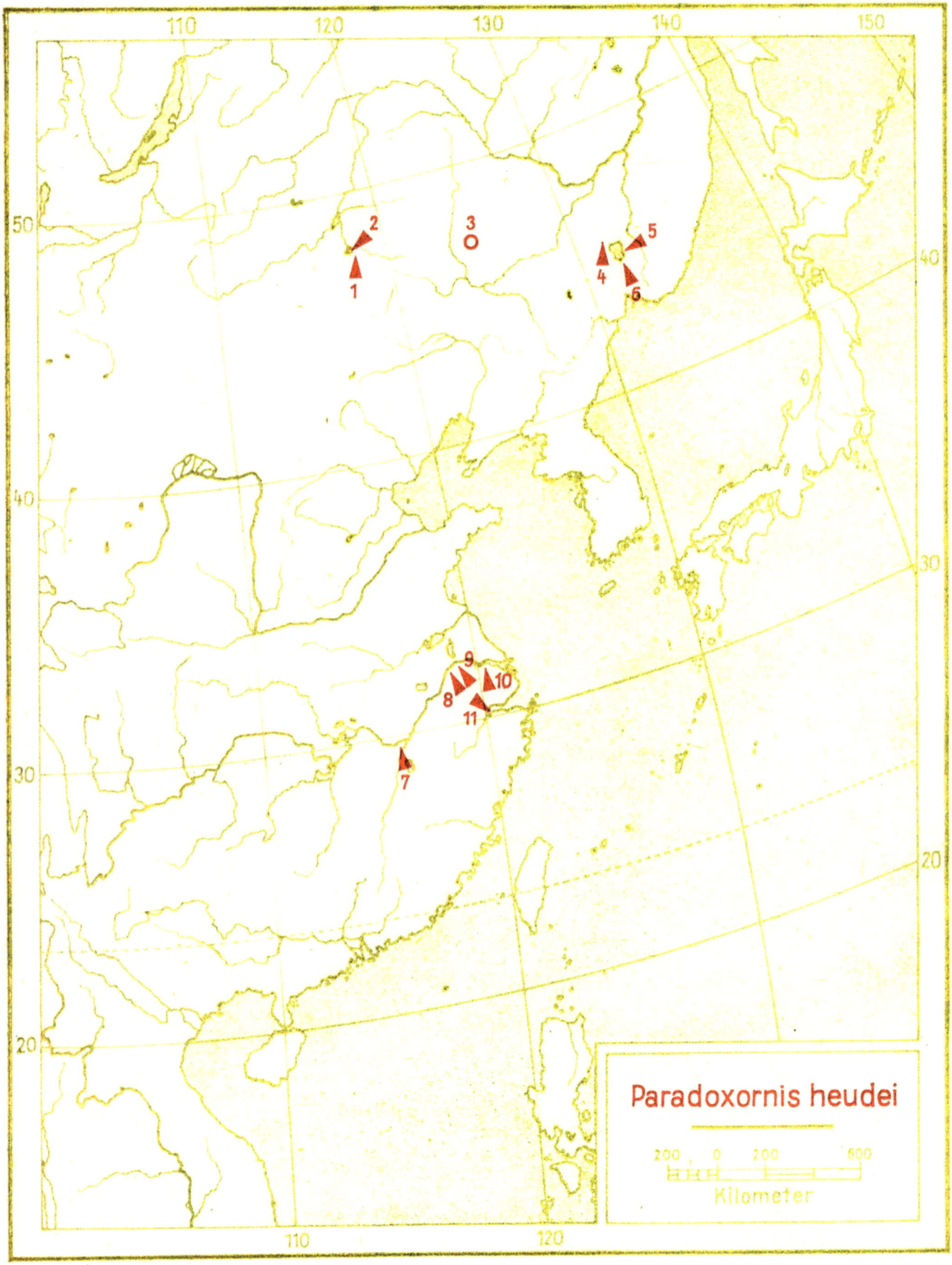

Paradoxornis heudei
200 0 200 600
Kilometer
1
2
3
4
5
6
7
8
9
10
11
110
120
130
140
150
50
40
30
20

und leidet sehr unter kräftigen Winden, die am Chanka so häufig blasen. Als Folge davon gehen Nester, die gerade angefangen worden sind und auch solche mit Gelegen und sogar Jungvögeln, zugrunde. Danach beginnen die Vögel, ein neues zu bauen, und gelegentlich kommen erst beim fünften Mal die Jungen hoch."

Im Chanka-Bassin wurde ab 16. V. Nestbau registriert, als das junge Schilf den Wasserspiegel 50—70 cm überragte und kompakten Bewuchs bildete. Um den 19. V. wurde intensiv gebaut. Die Nestterritorien sind recht klein — Nester lagen 150—200 m auseinander. — Am Jangtse-Unterlauf waren (nach Erhebungen von Lynes) am 11. VI. in einem Nest frische Eier, ein weiteres war am 12. VI. erst angefangen worden.

Vollgelege enthalten 5—6 Eier (Lynes 1914, Poliwanowa et al. 1974). Farbmuster vgl. bei Lynes (1914). Lt. Poliwanowa et al. (1974) „Eier weiß mit zimtfarbenen Tüpfeln . . . , die sich zum stumpfen Ende hin kranzförmig verdichten." Die Jungen schlüpfen nach 12tägigem Bebrüten, verlassen das Nest schon nach 11—12 Tagen und halten sich dann noch geraume Zeit in dessen Nähe auf.

Ende September und im Oktober erneuern die ad. am Chanka-See alle derb abgenutzten Federn, und auch die juv. mausern aus dem Nestkleid (Coll. Zool. Inst. Leningrad). Lynes konstatierte für die Jangtse-Vögel das Beendigen der Gefiedererneuerung zum November hin.

P. heudei ernährt sich das ganze Jahr über im wesentlichen von Insekten und Spinnen, die von der Vegetation sowohl abgelesen als auch aus Hohlräumen in den Schilfstengeln herausgezogen werden. Zeichnung und Kurzbeschreibung dieses originellen Beuteerwerbs durch Lynes (1914, Pl. VIII u. p. 181). In den Mägen von 5 im Herbst 1971 gesammelten Stücken waren 7 Cephiiden (Poliwanowa et al. 1974).

Die „ausgefallene" Nische bewirkt außerordentlich geringe ökologische Plastizität gegenüber Habitatveränderungen, und dieser chronische Sachverhalt drückt die Art an den Rand des Aussterbens. Die Bedrohung ihres Bestands am Jangtse gab schon zwischen 1910 und 1912 zu Befürchtungen Anlaß. Die aktuelle Kondition dieser Population war nicht zu ermitteln, eventuell existiert sie gar nicht mehr — das Gebiet wird agrikulturell längst intensiv genutzt und ist dicht besiedelt; die Gürtel von Uferschilf könnten infolgedessen drastisch reduziert worden sein.

Die Art ist ins Red Data Book aufgenommen worden — Indiz darauf, daß speziell in China das Verkleinern der verschilften Partien in der Jangtse-Niederung ihr die Existenzgrundlagen mehr und mehr zerstört. Vermutlich ist der überlebende Uferbewuchs physiognomisch auch durch die Erfordernisse zunehmender Flußschiffahrt wesentlich modifiziert worden.

Der zweite anthropogene Faktor von erwiesen verhängnisvoller Auswirkung auf die Kopfstärke der Populationen ist das Abmähen des Röhrichts in den Wintermonaten. In einer Periode durch Witterungsunbilden ohnehin erschwerter Existenz wird den Vögeln dadurch die Nahrung lokal schlagartig entzogen. Im Norden (Chanka) entfällt damit zugleich die Hauptdeckung gegen Unwetter. Poliwanowa et al. (1974) heben das besonders für Winter und Frühling 1973 hervor, vgl. auch Lynes (1914).

Nur das Verwandeln der jetzt bekannten Bruträume in Naturschutzgebiete vermag unseres Erachtens *P. heudei* vor dem Untergang zu bewahren.

Zur Beeinträchtigung durch den Menschen kommen einige natürliche Faktoren hinzu: 1. die schon erwähnte Gefährdung der Nester durch Wetterstürze. 2. Poliwanowa et al. (1974) deckten am Chanka-See interspezifische Konkurrenz mit *Acrocephalus arundinaceus* auf. Dieser verdrängt *P. heudei* zuweilen von Plätzen, die für den Nestbau bestens geeignet sind, mehr noch, er trägt nicht selten *heudei*-Nester ab und verwendet das gewonnene Material für seine eigenen. 3. Lynes (1914) merkte an, daß am Jangtse Bodenfeinde für die Art wahrscheinlich kaum Bedeutung haben. Daß deren Rolle dennoch evident werden kann, erweisen am Chanka die die „Plawni" kopfstark bewohnenden Ratten. Sie vernichten *heudei*-Nester.

Wanderungen

Standvogel, der außerhalb der Brutzeit Nahrung und Schutz suchend die Rohrpläne seines Areals durchstreift.

Am Chanka-See, an dem bis 1973 die Röhrichte unversehrt geblieben waren, zogen ab August kleine Trupps (5—6 Ex.) durch den Bewuchs (Poliwanowa et al. 1974). Die Bewegungen bleiben räumlich eng begrenzt und reichen auch winters nur wenig weiter; dann wird lediglich in Witterungseinflüssen minder ausgesetzte, dichtere Ufersäume ausgewichen. Diese saisonalen Wanderbezirke haben Durchmesser von 3—5 km. Mit Eintritt des Frühlings lösen sich die Fluggemeinschaften in Paare auf, die kleine Reviere behaupten. Ein Teil der Vögel brütet im Uferschilf, andere siedeln dazu in der 1. Maihälfte in die schwimmenden „Plawni" davor um.

Am Jangtse-Unterlauf eruierte Lynes (1914) den folgenden Rhythmus jenes Nomadisierens — in Abhängigkeit von dem charakteristischen Auf und Ab des Flußwasserspiegels im Jahresablauf (vgl. detailliert Tabelle p. 179—180):

August bis Oktober — Wasser sinkt allmählich, Röhricht noch unbeschadet, Vögel haben reichlich Nahrung, wahrscheinlich Mauser.

November bis Dezember — Wasserspiegel fällt weiter, Schilfgürtel wird winterdürr; in ihm erscheinen viele Durchzügler zur Nahrungssuche. *P. heudei* beendet Mauser.

Januar bis Februar — Wasserniedrigststand, fast kompletter Schilfschnitt. *P. heudei* und andere Arten wechseln in unversehrte Formationen über (hauptsächlich auf kleinen Inseln).

Zur Verbreitung

Gegenwärtig sind nur wenige, höchstwahrscheinlich isolierte Brutvorkommen bekannt, die wie im Falle der Teilareale Jangtse-Unterlauf und Chanka-Seebecken bzw. Buir-Nur-Talkessel wenigstens 1800 km S-N voneinander entfernt liegen. Die Verbreitung bleibt inselartig und überall auf den Streifen Uferschilf beschränkt, der beispielsweise in der Jangtse-Niederung 1910—1912 (als LYNES dort reiste) zwischen Chinkiang (= Zhenjiang) und Kiukiang (= Jiujiang) eine Ausdehnung von rund 320 km² hatte. Drei Viertel davon erstreckten sich über 112 km Flußufer, beginnend etwa unterhalb Chinkiangs und endend kurz oberhalb von Nanking. Dort war Brüten nachgewiesen worden. Durchaus möglich, daß diese Timalie auch an anderen zum Ansiedeln geeigneten Plätzen im Jangtse-Delta lebt (lebte ?). Das Verbreitungsmuster am Chanka ist analog: Außerhalb des Gelegegürtels an Teilen des S- und E-Ufers von 20 bis über 800 m Tiefe kommt sie nicht ständig vor. Solche breite „Bordüre“ aus Schilf, stellenweise nicht zu durchdringen, ist ebenfalls charakteristisch für das Delta des Chalchin-Gol und für Steppenseen am Adzarga-Gol-Unterlauf (NE-Mongolei), wo die Art erst jüngst brütend gefunden wurde.

Es ist nicht auszuschließen, daß sie noch hier und da als Brutvogel neu aufgefunden werden wird. Gleichwohl ist kaum zu erwarten, daß sich dadurch das Areal „rundet“. Die Stenökie der Species, ihre ausgeprägte Bindung an kompakte Schilf- und Rohrkomplexe in Feuchtgebieten als Nahrungs- und Fortpflanzungsraum (vgl. „Oekologie“), wirkt dem entgegen. Es scheint fraglich, ob überhaupt je ein „geschlossenes“ Areal (im Sinne exakt umgrenzbaren Gebiets) existiert hat, obwohl die eigentümliche Habitatwahl auf Landschaftsausschnitte zielt, die noch vor wenigen Jahrzehnten zweifelsohne weitaus mehr vorhanden waren als heute.

So gewinnt man leicht den Eindruck, *P. heudei* sei ein außerordentlich seltener Vogel und dem Erlöschen nahe. STEPANJAN (1974) räumt zwei Möglichkeiten ein, die aktuellen Fundorte zu deuten: 1. Entweder ist die Art reliktär verbreitet. Dafür sprächen ihre Altertümlichkeit und drohendes Verschwinden, oder 2. die Nord- und Südpopulationen sind distale, und zwischen ihnen gibt es (gab es ?) weitere (z. B. Korea), die noch unentdeckt sind. Solche Interpretation bietet sich auf Grund dessen an, daß gemessen an der ausnehmend großen „Abseitigkeit“ der Chanka-Vögel ihre morphologische Entfernung von den mittelchinesischen Artgenossen ziemlich unbedeutend ist.

Spezialkarten der Verbreitung bei LYNES (1914) und CHENG (1976) für China.

Oekologie

Beschaffenheit des Habitats am Jangtse-Unterlauf siehe bei LYNES (1914) und CHONG (1938). Im Chanka-Becken (S- u. E-Teil) tritt uns als *heudei*-Lebensraum geschlossenes versumpftes Flachland mit einer Vielzahl Seen wechselnder Größe entgegen. Aufwuchs von 2—3 m hohem *Phragmites communis* säumen die Ufer und „Plawni“ (schwimmende Inseln in der Randzone, hauptsächlich mit Schilf bestanden).

Nach FOMIN et al. (1979) weisen die Steppenseen am Adzarga-Gol-Unterlauf ebenfalls dichtes Uferschilf auf. Weite Räume zwischen ihnen nehmen feuchte Riedsenken ein, auch niedrig verschilfte Bültenmoore. Alle *heudei*-Paare und -Bruten wurden am Rande bzw. unweit von Partien mit auffallend hohem Schilf (bis 3 m) angetroffen, die über die Masse von geringwüchsigem verstreut waren. Augenscheinlich werden vorzugsweise in solchen „aufragenden“ Formationen die Nester gebaut und die Paare somit über das Territorium verteilt. Zur Abundanz: Am 28. VII. 1977 sind auf 600 m 6 Exemplare registriert worden, am 31. VII. in einem wenig mächtigen Schilfstreifen zwischen zwei Seen auf 1000 m 8 Vögel, am 1. VIII. während vierstündigen Marschs durch sumpfige Ebene mit Schilfflecken 7. Zweimal wurden Neststandorte neben solchen des dort sehr seltenen *Panurus biarmicus* entdeckt.

Zur jüngeren Genese der beiden sowjetischen Bruträume am Chanka (P. 5 u. 6) erfuhren wir von SCHIBNEW (brfl. 1978), daß infolge Trockenlegens feuchten Umfelds von Reisanbauflächen und von Schilfmahd im Winter 1972/73 die Kopfzahl katastrophal geschrumpft ist. „Die Art stirbt buchstäblich vor unseren Augen aus.“ In der Lefu-Mündung, wo 1972 12 Nester gefunden werden konnten, wurde nach der winterlichen Schilfernte 1973 nur noch 1 Paar bestätigt. — Solches Verschwinden des Habitats nötigt die Art, zum Brüten restlos in die noch mehr oder weniger unversehrten „Plawni“ überzusiedeln. Allerdings sind die Nester in dieser „Kantenlage“ sehr wetterexponiert: das Schilf erleidet Sturmschäden, Seespiegelschwankungen ziehen das Brutstratum gleichfalls in Mitleidenschaft — die Vögel werden auch hier deutlich weniger.

Zur Zeit umfaßt die Chanka-Population 60—80 Brutpaare.

Zum Fortpflanzungsgeschehen bei Fundort 1 ermittelten FOMIN et al. (1979), daß, nach 2 1977 ausgemachten Nistplätzen zu urteilen, die Jungen Ende Juli/Anfang August ausfliegen — es wurden sowohl futtertragende Altvögel als auch beunruhigte Paare, offensichtlich in Nestnähe, bemerkt (allerdings sind Nester nicht aufgefunden worden). An Fundort 2 (FOMIN brfl. 1978) 1978: 4. VII. Paar gesammelt (♀ hatte kurz zuvor Gelege gezeitigt), 5. VII. Brutnachweis mit juv. im Nestkleid.

Die Nester werden im kompakten Röhricht plaziert, zwischen eng benachbarten Stengeln, mit denen sie verflochten sind, ganz nach Art von *Acrocephalus*-Nestern (siehe Foto erstmalig bei HANZÁK u. FORMANÉK 1976, auch Zeichnung und Beschreibung bei LYNES 1914). Der lockere Bau in Becherform besteht aus trockenen Fasern, die außenwands durch ein paar Spinngewebe verfestigt sind. POLIWANOWA et al. (1974) urteilen: „Die Nestkonstruktion ist nicht besonders dauerhaft

FUNDORTLISTE

Fundort		Quelle
1. Adzarga-Gol-Unterlauf (= Adzargyn-Gol = Acergan-Gol) SE Buir-Nur	BAJ	FOMIN et al. 1979
2. Chalchin-Gol-Delta	BAJ	FOMIN brfl. 1978
3. Zhalong-Fischereigebiet Raum Qiqihar (= Tsitsikar)	↓ A	CHENG 1976
4. NW Xingkai Hu (= Chanka-See)	↓ A	CHENG 1976
5. Gnilaja-Fluß u. N-Raum Lebedinoje-See (E-Chanka)	BANJ	SCHIBNEW brfl. 1977
6. Lefu-Mündung (= Ilistaja-), S-Chanka	BANJ	POLIWANOW et al. 1973, POLIWANOWA et al. 1974
— Siwakowka	A	Coll. Zool. Inst. Leningrad
— Fluß Zaborina	A	Coll. Zool. Inst. Leningrad
7. Kiu-Kiang (= Kew-Kiang = Jiujiang)	B	GOULD 1874
8. Raum Nanking (= Nanjing) u. etwas oberhalb längs des Jangtse	ABN	LYNES 1914, LA TOUCHE 1925; Coll. Zool. Mus. Berlin, CHENG 1976
9. Raum Chinkiang (= Zhenjiang) u. etwas unterhalb längs des Jangtse	ABN	LYNES 1914, LA TOUCHE 1925, CHENG 1976
10. Kiangjin (= Jiangyin)	A	GEE et al. 1948
11. Yun Si, Raum Hanchow (= Hangzhou), I.	A	SHAW 1934

Anmerkungen

Zu P. 3 u. 4: Daß an beiden Fundorten Altvögel zur Brutzeit angetroffen wurden, steht zu vermuten; leider läßt es sich mit Bestimmtheit aus den Angaben CHENGS nicht herauslesen.

LITERATUR

CHENG 1976 — Distrib. list Chin. birds (Rev. Ed.). Peking. 708—709.

CHONG 1938 — Contrib. Biol. Labor. Sci. Soc. China 12, Zool. Ser. 9, 210—211.

FOMIN et al. 1979 — Zool. Sh. 58, 767—770.

GEE et al. 1948 — Tentat. list Chin. birds. Peiping. 282—283.

GOULD 1874 — Birds Asia. London. 3, 74.

HANZÁK u. FORMÁNEK 1976 — Welt der Vögel in Farbe. Prag. 273.

LA TOUCHE 1906 — Ibis 6, 438.

LA TOUCHE 1925 — Handb. birds Eastern China. London. 1, 46—47.

LYNES 1914 — Ibis 2, 177—185.

POLIWANOW et al. 1973 — Dokl. AN SSSR, Ser. Biol. 212, 257.

POLIWANOWA et al. 1974 — Mat. 6. Wsesojuzn. Orn. Konf. Moskwa. 2, 103—105.

Red Data Book IUCN 1968 — 2, 229.

SHAW 1934 — Bull. Fan Mem. Inst. Biol. 5, 315.

STEPANJAN 1974 — Zool. Sh. 53, 1270—1272.

STEPANJAN 1979 — Bull. Mosk. Ob. ispyt. prirody, biol., 84, 53—55.

Briefliche Auskünfte gaben: FOMIN (Mongolei), SCHIBNEW (Primorje).

Paradoxornis heudei David

Heudes Papageischnabeltimalie

Gliederung

Die Population, die 1968 im Chanka-Becken (auf sowjetischem Gebiet) entdeckt und 1974 als eigenständige Unterart *P. h. polivanovi* Stepanyan beschrieben worden ist, unterscheidet sich von den Vögeln der mittelostchinesischen Nominatform durch hellere, blassere Farben — im ganzen sind ocker- und weinfarbene Tönung geringer ausgebildet. Die Chanka-Vögel taxonomisch zu sondern, schien demzufolge möglich. STEPANJAN (1979) hält auch die Differenzen zwischen den mongolischen und Chanka-Vögeln für ausreichend, jene als *P. h. mongolicus* Stepanyan abzutrennen.

Solche erzwungenen Ortswechsel sind gelegentlich doch Wechsel typischen Habitats, was wiederum Übergehen zu anderer Nahrung mit sich bringt. LA TOUCHE (1906) fand die Speçies beim winterlichen Chinkiang nach der Mahd aus den kahlen Rohrplänen verschwunden, dafür in nahem Gebüsch und benachbarten Bäumen. GOULD (1874) zitiert HEUDE, wonach die Kiang-Sou-*Paradoxornis* nach dem Abernten der großen Schilfflächen Zuflucht in den „Reserven" suchen, die hier und da gartenartig eingefriedet stehenbleiben. SHAW (1934) traf sie dann bei Hangzhou in Bambus-Dickichten und *Ilex*, den sogenannten Tung Ching-Sträuchern.

März bis April — Nahrungspessimum: Verbliebene Altschilfreste enthalten „nichts mehr", das nachwachsende birgt noch keine Insekten.

Mai bis Juni — Schilf bereits höher, erreicht im Juli zum Wasserhöchststand 3—6 m. *P. heudei* kehrt an nun nahrungsreiche Brutplätze zurück.

X

1982

Parus caeruleus L.
und
Parus cyanus Pallas
eingeschlossen die *flavipectus*-Gruppe

bearbeitet von

L. A. PORTENKO, J. STÜBS und K. WUNDERLICH

CHACHLOW und SELEWIN 1928 — Uragus 3/2, 31.

CHAWORTH MUSTERS 1927 — Norsk orn. Tidsskr. 3, 28.

CHENG 1976 — Distrib. List Chin. Birds (Rev. Ed.). Peking. 824–825.

COLLETT 1872 — Forh. Vid.-Selsk. Christiania. 199.

CURRY-LINDAHL 1963 — Våra Fåglar i Norden. Stockholm. 4, 1628.

DAL 1941 — Trudy Uzb. Uniw., N. S. 21, Biol. 8, 71.

DANILOW 1954 — Pticy Sredn. Urala i Zauralja. Dissert. 234.

DAWYDOW 1896 — Trudy Ob. Jest. St. Peterb. 27/1, 8; 34.

DEMENTJEW 1948 — Trudy bjuro koljcew. 7, 188.

DOLGUSCHIN 1939 — Izw. Kazach. Fil. Akad. nauk. SSSR 1, Zool. 1, 62.

DUBININ und TOROPANOWA 1956 — Trudy Inst. Lesa 32, 146.

ENGSTRÖM 1952 — Vår Fågelv. 11, 31.

ERLANGER 1899 — J. Orn. 47, 312.

FEDJUSCHIN und DOLBIK 1967 — Pticy Bjelorussii. Minsk. 409.

FERGUSON-LEES u. SHARROCK 1976 — Atlas Breeding Birds Britain and Ireland. Berkhamsted. 308–309.

FESTA 1894 — Boll. Mus. Zool. Anat. Torino 9, Nr. 174, 2.

FULTON 1904 — J. Bombay Nat. Hist. Soc. 16, 47.

GAGINA 1967 — Pticy Wost. Sibiri. Dissert. 763.

GOEBEL 1871 — J. Orn. 19, 24.

GUSEW 1965 — Ornitologija 7, 90.

HARTERT 1923 — Novit. Zool. 30, 15.

HEIM DE BALSAC 1924 — Rev. franç. Orn. 8, 375.

HEIM DE BALSAC 1952 — Alauda 20, 231.

HEIM DE BALSAC und MAYAUD 1962 — Oiseaux Nord-Ouest Afrique. Paris. 356.

HENDERSON und HUME 1873 — Lahore to Yarkand. London. 232.

HEPTNER 1925 — Bull. Soc. Nat. Moscou 33, 166.

HÜE und ETCHÉCOPAR 1966 — L'Oiseau 36, 237.

IRBY 1883 — Ibis (5) 1, 182.

IVANOV 1940 — Oiseaux Tadjikistan. Moscou-Leningrad. 196.

IWANOW 1969 — Pticy Pamiro-Alaja. Leningrad. 222–224.

JANUSCHEWITSCH 1952 — Fauna pozwon. Tuwinsk. Obl. Nowosibirsk. 49.

JANUSCHEWITSCH et al. 1960 — Pticy Kirgizii. Frunze. 2, 163.

JOHANSEN 1907 — Mat. orn. stepej. Tomsk. kraja. Tomsk. 59.

JOHANSEN 1944 — J. Orn. 92, 177.

KENNEDY et al. 1954 — Birds Ireland. Edinburgh-London. 236.

KIRIKOW 1952 — Pticy i mlek. jushn. Urala. Moskwa. 220.

KIRPITSCHNIKOW 1915 — Mat. Fauna Flora Ross. 14, 428.

KISTJAKOWSKIJ 1932 — Trudy zaschtsch. rast. 4, ser. 2, 128.

KORELOW 1956 — Prir. chozj. usl. Bostandyka. Alma-Ata. 207.

KOWALSKI 1957 — Alauda 25, 220.

KOZLOW 1899 — Ann. Mus. Zool. St.-Pétersb. 4, 274.

KOZLOWA 1930 — Pticy Zabajkalja. Sew. Mongolii i centr. Gobi. Leningrad. 223.

KOZLOWA 1932 — Trudy Mongolsk. Komiss. 3, 72.

KOZLOWA 1933 — Ibis (13) 3, 303.

KRACHT 1919 — J. Orn. 67, 327.

KRAMPITZ 1958 — J. Orn. 99, 50.

KROGH 1959 — Sterna 3, 258.

KRULIKOWSKIJ 1912 — Zap. Ural. Ob. Jestjest. 32, 34.

KUMERLOEVE 1962 — Bonn. Zool. Beitr., 12, Sonderh. 80.

KUMERLOEVE 1968 — Revue Fac. Sci. Univ. Istanbul, Ser. B, 32/3–4, 114.

DE LARINNA 1895 — Ornis 8, 336.

LEBEURIER und RAPINE 1934 — L'Oiseau 4, 449.

LIE PETTERSEN 1924 — Norsk orn. Tidsskr. 2, 9.

LORENZ 1894 — Bull. Soc. Nat. Moscou 8, 341.

LOUKASHKIN 1939 — Report Inst. Sci. Res. Manchoukuo 3/1, 34.

LUDLOW und KINNEAR 1933 — Ibis (13), 3, 450.

LUGOWOJ 1963 — Trudy Astrach. zapow. 8, 155.

LYNES 1920 — Ibis (11) 2, 293.

MAAK 1859 — Puteschestwije na Amur. Sanktpeterb. 123.

VAN MARLE et al. 1973 — Limosa 46, 63.

MAUERSBERGER 1975 — J. Bombay Nat. Hist. Soc. 72, 552–556.

MAUERSBERGER 1976 — Falke 23, 265.

McGEOCH 1963 — Ardea 51, 247.

MEISE 1934 — Abh. Mus. Tierk. Völkerk. Dresden 18, 31.

MEISE 1975 — Abh. Verh. Naturwiss. Ver. Hamburg 18/19, 218–219.

MEKLENBURCEW 1958 — Trudy Sredneaz. Uniw., N. S. 130, Biol. 30, 88.

MÉNÉTRIES 1832 — Catalogue raisonné. St.-Pétersb. 39.

MENZBIR 1884 — Bull. Soc. Zool. France 9, 274; 277.

MENZBIR 1891 — Orn. geogr. Rossii. Moskwa. 2, 173.

MERIKALLIO 1958 — Finnish Birds. Helsinki. 147.

MICHEJEW 1937 — Trudy Naurzumsk. zapow. 1, 146.

MOLAMUSOW 1967 — Pticy sewern. Kawkaza. Naljtschik. 59.

MOLTONI 1957 — Riv. Ital. Orn. 27, 36.

MOORE und BOSWELL 1956 — Iraq Nat. Hist. Mus. Publ. 10, 168.

NEUFELDT 1958 — Trudy Zool. Inst. Akad. nauk. SSSR 25, 228.

NESTEROW 1909 — Trudy Ob. Jest. St. Peterb. 40/2, 137.

NETSCHAJEW 1963 — Ornitologija 6, 181.

OTSCHAPOWSKIJ 1967 — Sborn. Zool. Krasnodarsk. Ped. Inst. 121.

PALUDAN 1938 — J. Orn. 86, 604.

PANOV 1973 — Birds South Ussuriland. Novosibirsk. 167.

PAROWSCHTSCHIKOW 1941 — Sborn. Prir. social. chozj. 8/2, 361.

PARSLOW 1967 — Brit. Birds 60, 280–281.

PIECHOCKI 1972 — Mitt. Zool. Mus. Berlin 48, 136–137.

PLESKE 1893 — Bull. Brit. Orn. Cl. 3, 13.

PLESKE 1894 — Aves Przewalskianae. St.-Pétersburg 2/3, 162; 166.

PLESSKIJ 1955 — Zap. jest.-geogr. Fak. Kirow. Ped. Inst. 9, 91.

POLATZEK 1908 — Orn. Jb. 19, 172–173.

POLJAKOW 1873 — Zap. geogr. Ob. obsch. geogr. 3, 134.

POLJAKOW 1915 — Messag. orn. 6, Sonderh., 49.

POPOW 1959 — Pticy Gissaro-Karategina. Stalinabad. 86.

PREDTETSCHENSKIJ 1928 — Izw. Tambowsk. Ob. prir. kul. 3, 27.

QUICK 1964 — Birds Scilly Isles. Truro. 65.

RADDE 1884 — Ornis Caucas. Kassel. 111.

RASCHKEWITSCH 1964 — 2. Konf. Zool. Ped. Inst. RSFSR, Tez. dokl. Krasnodar. 216.

RAWKIN 1973 — Pticy sew.-wost. Altaja. Nowosibirsk. 204.

RAWKIN 1978 — Pticy lesnoj zony Priobja. Nowosibirsk. 117–118.

REY 1872 — J. Orn. 20, 144.

ROTHSCHILD und HARTERT 1914 — Novit. Zool. 21, 194.

RUSTAMOW 1958 — Pticy Turkmenistana. Aschchabad. 2, 240.

RUZSKIJ 1893 — Trudy Ob. Jest. Kazan. Uniw. 25/6, 265.

SABANEJEW 1868 — Bull. Soc. Nat. Moscou 41/1, 258.

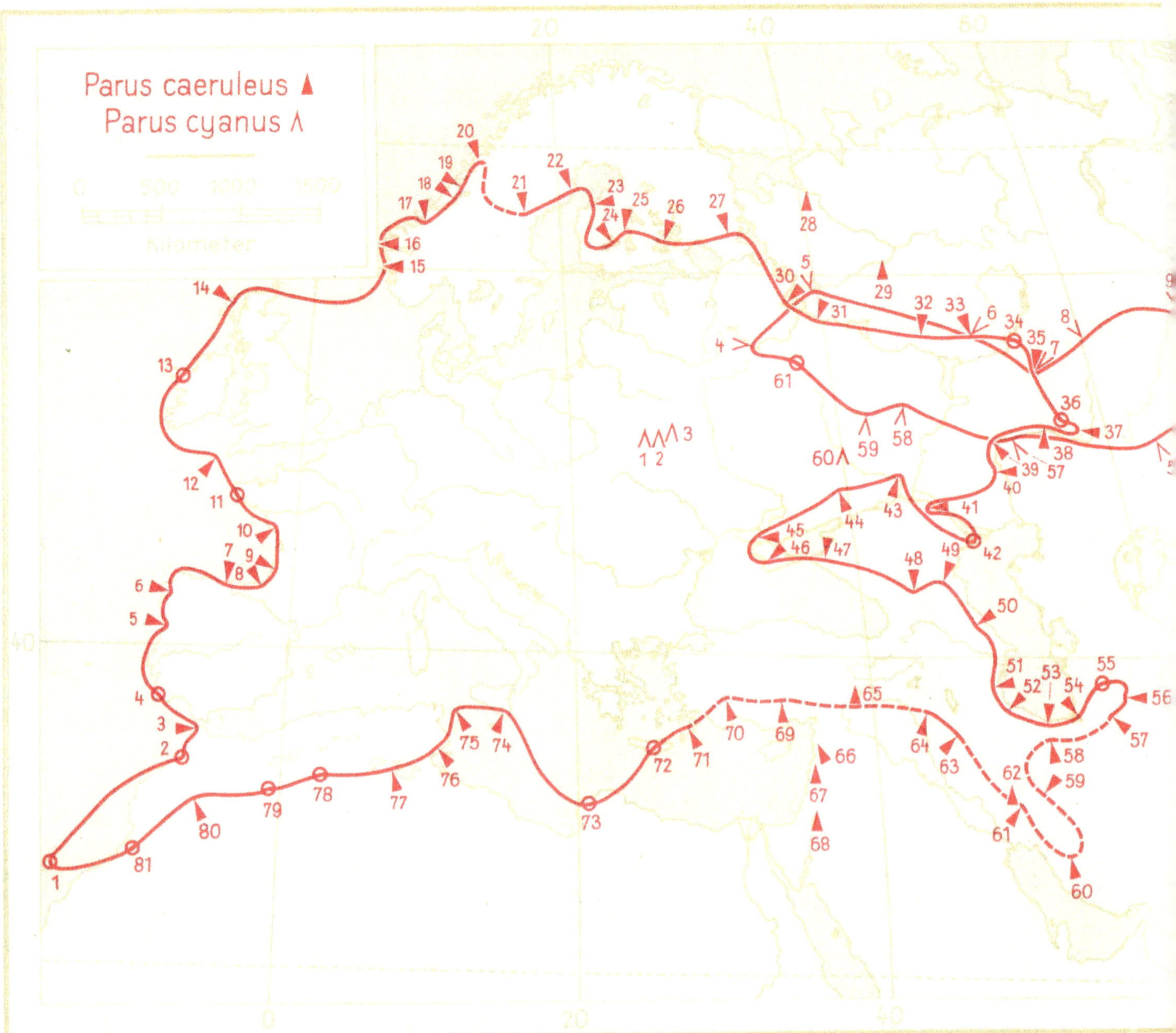

FUNDORTLISTE

für *Parus caeruleus*

Nr.	Fundort			Quelle
1.	Kanarische Inseln		Jc	Polatzek 1908, Volsøe 1951, Bannerman 1963
2.	Forêt de Mamora		Na	Lynes 1920, Heim de Balsac 1952
3.	Kap Spartel		A	Coll. Zool. Mus. Berlin
4.	Prov. Algarve		Bs	Rey 1872
5.	Oporto		N	Tait 1924
6.	Santiago		Bs	Bolle 1855
7.	Fluß Cubas (Santander)		Nc	Irby 1883
8.	San Sebastian	↓	Bc	de Larinna 1895
9.	Pontenx les Forges	↓	Nc	Burleigh 1919
10.	St. Michel-en-l'Herm	↓	Bc	Spitz 1964, 1965
o	Belle Ile		A	Kowalski 1957
11.	Finistére	↓	Bc	Lebeurier und Rapine 1934
12.	Scilly-Inseln	↓	Ba	Quick 1964
13.	Irland		B	Kennedy et al. 1954, Ferguson-Lees u. Sharrock 1976
14.	Stornoway	↓	Ba	Parslow 1967, Ferguson-Lees u. Sharrock 1976
o	Tongue		Bc	Baxter und Rintoul 1953
15.	Fana (S Bergen)		Na	Lie Pettersen 1924
16.	Florö		B	Wilman 1929
17.	Surendal (Surnadal)		Bs	Chaworth Musters 1927
18.	Inderöy		Ns	Collett 1872
19.	Namsos		As	Krogh 1959
20.	Dolstadåsen		Ns	Krogh 1959
—	Auster-Vefsn		Ns	Krogh 1959
21.	Sollefteå		Ac	Curry-Lindahl 1963
o	Mo		N	Engström 1952

22. Lövånger	↓ B	Curry-Lindahl 1963
23. Kokkola	N	Merikallio 1958
24. Teisko	N	Merikallio 1958
o Ruovesi	Ns	Merikallio 1958
25. Jyväskylä	Ns	Merikallio 1958
26. Sulkava	Ns	Merikallio 1958
27. Schutzgebiet Kiwatsch	Jc	Neufeldt 1958
28. Archangelsk	J	Parowschtschikow 1941, Woinstwenskij 1954
29. Welikij Ustjug	A	Goebel 1871
30. Darwin-Schutzgebiet	Js	Spangenberg und Oliger 1949
31. Jamskoj les (Jaroslawlj)	Ac	Sabanejew 1868
o Chachaly (VIII.)	A	Coll. Zool. Inst. Leningrad
32. Oberlauf der Bolschaja Kokschaga	As	Ruzskij 1893
33. Malmysh (30. IV.)	As	Krulikowskij 1912
34. SW-Teil Gouv. Perm (Molotow)	B	Sabanejew 1874
35. Ufa	As	Suschkin 1897
36. Fluß Sakmara	Ac	Zarudnyj 1897
— Fluß Bolschoj Ik	Ac	Zarudnyj 1897
37. Akjar	A	Kirikow 1952
38. Orenburg	Ba	Zarudnyj 1897
39. Uralsk	Ba	Zarudnyj 1897, Dubinin und Toropanowa 1956
40. Mergenewskij	Ba	Dubinin und Toropanowa 1956
o Urda	A	Woltschaneckij 1937
41. Tschornyj Jar	B	Kracht 1919
42. Wolga-Delta	J	Lugowoj 1963
43. Unterlauf der Ilowlja	Asa	Spangenberg 1949
44. Mitjakinskaja	J	Awerin 1911

o	Weliko-Anadolsker Forstrevier (Wolnowacha)	Bs	Wasiljtschuk 1915, Budnitschenko 1960
45.	Askanija Nowa	B	Treus 1954
46.	Simferopol	J	Brauner 1898
47.	Slawjanskaja	Jc	Kistjakowskij 1932
o	Unterlauf der Bjelaja	Bc	Otschapowskij 1967
48.	Prochladnyj	Ja	Molamusow 1967
49.	Kizljar	Bs	Boehme 1925
50.	Unterlauf des Samur	Ja	Boehme 1928
o	Saljany	Bc	Satunin 1907
51.	Lenkoran	A	Ménétries 1832
—	Talysch-Gebirge	A	Radde 1884
52.	Enzeli (= Bandar-e Pahlavi)	Bs	Buxton 1921
53.	Suledä	A	Stresemann 1928
54.	Bender-Schach	Jc	Dementjew 1948
o	Gombede-Kobus	A	Dementjew 1948
55.	Westl. Kopet-Dag	J	Rustamow 1958
56.	Gjarm-Ab (= Germob)	Ac	Zarudnyj 1896
—	Firuze (= Firyuza)	Ac	Zarudnyj 1896
57.	Ach-Imam (128 km SE Gombede-Kobus)	J	Zarudnyj und Bilkewitsch 1913
58.	Berg Demawend	J	Coll. Zool. Inst. Leningrad
59.	Damavar	B	Vaurie 1950
—	Pashmshurun	B	Vaurie 1950
60.	Dasht-i-arjan	Jc	Witherby 1903, Vaurie 1950
—	Shiraz	A	Blanford 1876
61.	Mal Amir	A	Witherby 1907
62.	Bishe-Porem (= Bisheh)	Ja	Paludan 1938, Vaurie 1950
—	Chamehid	Aa	Paludan 1938, Vaurie 1950
63.	Choarta (= Chwarta)	J	Moore und Boswell 1956
—	Balkcha (Sulejmanija)	J	Coll. Zool. Inst. Leningrad
64.	Ser Amadia (= Amadiyah)	J	McGeoch 1963
65.	Elazig	As	Kumerloeve 1968
—	Pertek	A	Kumerloeve 1968
66.	Slenfé (SE Latakia)	A	Hüe und Etchécopar 1966
67.	Bécharre	A	Hüe und Etchécopar 1966
68.	Wady-Seir (= Wadi es Sir)	As	Festa 1894
69.	Eregli	A	Kumerloeve 1962
70.	Burdur	As	Kumerloeve 1962
71.	Rhodos	J	v. Wettstein 1938
72.	Kreta	Bc	Stresemann 1943
73.	Nordwestl. Cyrenaica (Barka)	↓ Ja	Hartert 1923, Stanford 1954, Bundy 1976
74.	Ispica	A	Krampitz 1958
75.	Pantelleria	Js	Moltoni 1957
76.	Sfax	A	Erlanger 1899, Heim de Balsac und Mayaud 1962
77.	Nefta	A	Erlanger 1899, Heim de Balsac und Mayaud 1962
o	Laghouat	B	Heim de Balsac 1924
78.	Djebel Amour	N	Snow 1952
79.	Djebel Mekter	As	Rothschild und Hartert 1914
o	Oued Kheneg Grou	Ns	Smith 1965
80.	Fluß Todra (Tinerhir)	A	Bannerman und Priestley 1952
o	Tacheddirt	N	Brosset 1957
81.	Anti-Atlas S Tiznit	A	Heim de Balsac und Mayaud 1962

Anmerkungen

Zu P. 8–11:

Yeatman (1976) bestätigt auf seiner Spezialkarte für Frankreich unsere Grenzziehung.

Zu P. 12:

Ferguson-Lees u. Sharrock (1976) vermerken, daß *P. caeruleus* erst seit den späten 40er Jahren auf den Scilly-Inseln brütet.

Zu P. 14:

Ferguson-Lees u. Sharrock (1976) dokumentieren auf ihrer Spezialkarte weitere Fundorte, auch an der mittleren Westküste. Von den Orkneys und den Shetlands existieren bisher keine Brutnachweise.

Zu P. 22:

In Norwegen liegen die (spärlichen) Brutvorkommen im Bereich der Nordgrenze sämtlich im klimabegünstigten küstennahen Raum. In Schweden folgen wir der Grenzziehung von Engström (1952), in Finnland der von Merikallio (1958). Sommerfunde nördlich davon sind sehr selten, Bruten große Ausnahmen.

Zu P. 73:

Das Brutvorkommen ist auf den Jebel Akhdar beschränkt, speziell um Wadi el Kuf, Merg und Barka (Barce) — Bundy (1976).

FUNDORTLISTE

für *Parus cyanus*

1.	Chojna (20 km S Pinsk)	N	Schnitnikow 1913
—	Fluß Ljwa (5 km N ukrainische Grenze)	J	Fedjuschin und Dolbik 1967
2.	Unterlauf des Lan	N	Fedjuschin und Dolbik 1967
3.	Fluß Oressa	J	Fedjuschin und Dolbik 1967
4.	Rshew	Js	Dawydow 1896
o	Gouv. Twer (= Kalinin)	A	Menzbir 1891
5.	Wologda	Jc	Sokolow 1941
o	Makarjew	A	Kirpitschnikow 1915
6.	Malmysh	B	Plesskij 1955
7.	Ufa	B	Suschkin 1897
8.	Swerdlowsk	Na	Sabanejew 1874, Danilow 1954
o	Turinsk	A	Slowcow 1892
9.	Tobolsk	Ba	Tarunin 1928
o	Unterlauf des Wach	As	Scalon 1932
10.	Larjak	J	Coll. Zool. Inst. Leningrad
o	Narym	A	Johansen 1944
11.	Unterlauf des Tomj	Bc	Zalesskij 1921
12.	Minusinsk	Ja	Suschkin 1914
13.	Mündung der Tapsa	Jc	Nesterow 1909
14.	Mittellauf des Tes	Jc	Januschewitsch 1952, Coll. Zool. Inst. Leningrad
15.	Mittellauf des Muren	Ja	Kozlowa 1932
16.	Mündung des Egin-gol	J	Coll. Zool. Inst. Leningrad
o	Südufer des Baikalsees	B	Taczanowski 1893
17.	Irkutsk	As	Poljakow 1873
18.	Kurumkan	Ac	Gagina 1967
o	Fluß Barguzin	Nc	Gusew 1965
19.	Selenga-Delta	B	Schwecow 1965, Gagina 1967
20.	Akscha	Jc	Taczanowski 1872
21.	Dshalinda	As	Stegmann 1931
22.	Aihon	J	Yamashita 1939
23.	Amur E Kl. Chingan	Js	Maak 1859

24.	Petropawlowskoje See	Nc	NETSCHAJEW 1963
o	Komsomolsk am Amur	B	RASCHKEWITSCH 1964
25.	Sofijsk	A	NETSCHAJEW 1963
—	Kidsi	A	SCHRENK 1860
26.	Noworusanowka (20 km NNW Swijagino)	Bs	SCHULPIN 1927
—	Gornyje Kljutschi (Kirowskij)	N	KUSTANOWITSCH brfl. 1968
27.	Tschen (21 km SE Charbin) (25. I.)	A	MEISE 1934
28.	Saschika Kibailoba (Barim = Palin)	A	MEISE 1934
29.	Magoitui-Mündung	A	LOUKASHKIN 1939
30.	Südwestl. Kentej-Geb.	J	KOZLOWA 1930
—	Tola östl. Ulan-Bator	N	PIECHOCKI brfl. 1964
31.	Tamir-Tal (Changaj-Geb.)	J	KOZLOWA 1930
32.	Gobi-Altai westl. Ikhebogdo (X.)	A	KOZLOWA 1933
33.	Gui-dui (= Kneiteh)	↓ A	PLESKE 1893, Bianki 1916, VAURIE 1959, CHENG 1976
—	Gomi	J	PLESKE 1894
34.	See Chara-Us-Nur	Ac	BEREZOWSKIJ 1881
35.	Fluß Bulugun	Jc	PIECHOCKI brfl. 1964, BOLOD 1965
36.	Unterlauf des Urungu	Ac	PLESKE 1894
o	See Ulungur	A	PLESKE 1894
37.	Fluß Kenderlyk	A	PLESKE 1894
o	Geb. Iren-Chabirga	A	MENZBIR 1884
38.	Chaidu-gol	Ac	PLESKE 1894
—	Juldus	A	PLESKE 1894
o	Paß Babrjuk	J	Coll. Zool. Inst. Leningrad
39.	Aksu	A	PLESKE 1894, LUDLOW und KINNEAR 1933
o	Maralbashi	A	LUDLOW und KINNEAR 1933
40.	Yarkand	J	HENDERSON und HUME 1873
41.	Duba-Tal (Chiklik)	N	SHARPE 1891
o	Fluß Chalastan	J	KOZLOW 1899
42.	Misgar (Hunza-Tal)	A	LUDLOW und KINNEAR 1933
43.	Kashgar	B	LUDLOW und KINNEAR 1933
44.	Fluß Atbaschi	N	JANUSCHEWITSCH et al. 1960
45.	Chitral	Aa	FULTON 1904
o	Iskan	J	VAURIE 1950
46.	Chirmandshou	↓ A	IVANOV 1940, ABDUSALYAMOV 1973
o	Seljbur-saj (Karatag)	J	POPOW 1959
47.	Fluß Tanchaz-Darja	Jc	MEKLENBURCEW 1958
o	Oberlauf des Sanzar	A	DAL 1941
48.	Fluß Ugam	J	Coll. Zool. Inst. Leningrad
—	Bostandyk	Jc	KORELOW 1956
o	Talass	J	Coll. Zool. Inst. Leningrad
49.	Karabalta	Jc	SPANGENBERG und DEMENTIEFF 1935
50.	Furmanowka	B	DOLGUSCHIN 1939
o	Fluß Karatal	A	SCHNITNIKOW 1923
o	Stepanowka	J	SCHNITNIKOW 1949
51.	Zajsan-See	Bc	CHACHLOW 1928
52.	Ustj-Kamenogorsk	A	POLJAKOW 1915
o	Schulba	J	JOHANSEN 1907
53.	Semipalatinsk	Bc	CHACHLOW und SELEWIN 1928
54.	Pawlodar	A	Coll. Zool. Inst. Leningrad
55.	Borowoje	Ba	HEPTNER 1925, STEGMAN 1953
56.	Naurzumskij bor (Aksuat)	J	MICHEJEW 1937
o	Fluß Sakmara	Bc	ZARUDNYJ 1897
57.	Mündung der Utwa	J	ZARUDNYJ 1897
58.	Penza	Bs	ARTOBOLEWSKIJ 1923–1924
59.	Oberlauf der Worona	J	PREDTETSCHENSKIJ 1928
60.	Bobrow	J	MENZBIR 1891
61.	Gouv. Moskau	Js	MENZBIR 1884, LORENZ 1894

Anmerkungen

Zu P. 33:
CHENGS (1976) Spezialkarte weist mindestens einen weiteren Fundort aus.

Zu P. 46:
Das dokumentierte Vorkommen steht für eine Vielzahl inselartiger auf tadshikischem Gebiet. ABDUSALYAMOV (1973) hebt hervor, daß die Art nicht in den Pamir vordringt und während der Brutzeit Flußufer in niedrig gelegenen Landschaften Tadshikistans meidet.

LITERATUR

über *P. caeruleus* und *P. cyanus*

ABDUSALYAMOV 1973 — Fauna Tadjik SSR 19, 2, Birds. Dushanbe. 101–105.

ARTOBOLEWSKIJ 1923–1924 — Bull. Soc. Nat. Moscou 32, 189.

AWERIN 1911 — Orn. nabljud. okrest. stanicy Mitjakinskoj. Charkow. 14.

BANNERMAN 1963 — Birds Atlantic Islands. Edinburgh-London. 1, 187.

BANNERMAN und PRIESTLEY 1952 — Ibis 94, 661.

BAXTER und RINTOUL 1953 — Birds Scotland. Edinburgh-London 1, 128.

BEREZOWSKIJ 1881 — in POTANIN „Otscherki Sew.-zapad. Mongolii", St. Petersb. 341.

BIANKI 1916 — Ann. Mus. Zool. Petrograd 20, 39.

BLANFORD 1876 — Eastern Persia. London. 2, 230.

BOEHME 1925 — Orn. Exc. Kizlar, Dagestan. Wladikawkaz. 5.

BOEHME 1928 — Izw. Gorsk. Ped. Inst. Wladikawkaz 5, 147.

BOLLE 1855 — J. Orn. 3, 301.

BOLOD 1965 — Ornitologija 7, 349.

BRAUNER 1898 — Zam. ptic. Kryma. Odessa. 43.

BROSSET 1957 — Alauda 25, 48.

BUDNITSCHENKO 1960 — Bull. Soc. Nat. Moscou 65/3, 40.

BUNDY 1976 — Birds Libya. London. 75.

BURLEIGH 1919 — Auk 36, 501.

BUXTON 1921 — J. Bombay Nat. Hist. Soc. 27, 113.

CHACHLOW 1928 — Izw. Tomsk. Uniw. 81, 74.

SABANEJEW 1874 Pozwon. Sredn. Urala. Moskwa. 55.
SATUNIN 1907 Mat. ptic Kawkaz. kraja. Tiflis. 41.
SCALON 1932 Gerfaut 22, 182.
SCHNITNIKOW 1913 Mat. Fauna Flora Ross. 12, 261.
SCHNITNIKOW 1923 Izw. Turkest. Geogr. Ob. 16, Prilosh., 5; 8; 16; 18.
SCHNITNIKOW 1949 Pticy Semiretschja. Moskwa-Leningrad. 457.
SCHRENK 1860 Reisen Forschungen Amurland. St.-Péterburg. 1, 306.
SCHULPIN 1927 Doklady Akad. nauk SSSR. 352.
SCHWECOW 1965 Nowosti orn. Alma-Ata. 417.
SHARPE 1891 Sec. Yarkand Mission. Aves. London. 65.
SLOWCOW 1892 Mat. Fauna Flora Ross. 1, 255.
SMITH 1965 Ibis 107, 523.
SNOW 1952 Ibis 94, 485.
SOKOLOW 1941 Ornitofauna bass. Suchona. MS. 145–146.
SPANGENBERG 1949 Zool. Sh. 28/6, 513.
SPANGENBERG und DEMENTIEFF 1935 Alauda 7, 345.
SPANGENBERG und OLIGER 1949 Trudy Darwinsk. zapow. 1, 288.
SPITZ 1964 L'Oiseau 34, 66.
SPITZ 1965 Oiseaux de France 15/1, 13.
STANFORD 1954 Ibis 96, 607.
STEGMANN 1931 J. Orn. 79, 180.
STEGMAN 1953 Trudy stanc. zaschtsch. rast. Kazach. Fil. Wachnil 1, 165.
STEPANJAN 1972 Nautschn. Dokl. vyssh. Shk. Biol. Nauki (2), 11–16.
STEPANJAN 1978 Sostaw i raspred. ptic fauny SSSR. Passeriformes. Moskwa. 248–252.
STRESEMANN 1928 J. Orn. 76, 367.
STRESEMANN 1943 J. Orn. 91, 478.
SUSCHKIN 1897 Mat. Fauna Flora Ross. 4, 241.
SUSCHKIN 1914 Mat. Fauna Flora Ross. 13, 309.
TACZANOWSKI 1872 J. Orn. 20, 442.
TACZANOWSKI 1893 Mém. Acad. Sci, St.-Pétersb. (7) 39, 433.
TAIT 1924 Birds Portugal. High Holborn. 66.
TARUNIN 1928 Uragus 3/3–4, 12.
TEKKE 1973 Limosa 45, 85.
TREUS 1954 Trudy Inst. Biol. Charkow. Uniw. (52) 20, 98.
VAURIE 1950 Amer. Mus. Novit. 1459, 10.
VAURIE 1957 Amer. Mus. Novit. 1833. 1–15.
VAURIE 1959 Birds palearct. Fauna. Passeriformes. London. 509.
VAURIE 1972 Tibet and its birds. London. 312.
VOLSØE 1951 Vidensk. Medd. Dansk nat. hist. Foren. 113, 75.
VOOUS 1965 Vogelwelt Europas. Hamburg-Berlin. 231.
WASILJTSCHUK 1915 Trudy lesn. opyt. Rossii 55, 10.
v. WETTSTEIN 1938 J. Orn. 86, 19.
WILMAN 1929 Norsk orn. Tidsskr. 3, 188.
WINKEL 1970 J. Orn. 111, 154–174.
WITHERBY 1903 Ibis (8) 3, 530.
WITHERBY 1907 Ibis (9) 1, 94.
WOINSTWENSKIJ 1954 Pticy Sow. Sojuza. Moskwa. 5, 740.
WOLTSCHANECKIJ 1937 Trudy Inst. Biol. Charkow. Uniw. 4, ekol., 69.
YAMASHINA 1939 Tori 10, 483.
YEATMAN 1976 Atlas Oiseaux nich. France. Paris. 222.
ZALESSKIJ 1921 Westn. Tomsk. orn. Ob. 1, 159.
ZARUDNYJ 1896 Mat. Fauna Flora Ross. 2, 153.
ZARUDNYJ 1897 Mat. Fauna Flora Ross. 3, 206–207.
ZARUDNYJ und BILKEWITSCH 1913 Messag. orn. 4, 31.

Briefliche Auskünfte erteilten: KUSTANOWITSCH (Sowjetunion) und PIECHOCKI (Mongolei).

Parus caeruleus L.

Blaumeise

Gliederung

Die geographische Variation ist auf dem Kontinent klinal, die Färbung mit dem Klima korreliert. Bei der Gruppe mehr nördlicher, größerer, grünlicher Blaumeisen verlaufen Kline abnehmender Farbsättigung mehr oder minder gleichmäßig von England zum Ural. Die Merkmalsprogression äußert sich im Größer- und Hellerwerden von West nach Ost. Mehrere isolierte Populationen kleinerer, blauer Vögel (Kanaren, NW-Afrika) bilden eine distinkte Gruppe (*teneriffae*).

Zu Farbmustern und Körpermaßen vgl. detailliert bei VAURIE (1959), auch STEPANJAN (1978).

Die *teneriffae*-Gruppe vereinigt: *P. c. palmensis* Meade-Waldo (Palma, westliche Kanaren), *P. c. teneriffae* Lesson (West- und Zentral-Kanaren, auf Gomera, Tenerife u. den Großen Kanaren), *P. c. degener* Hartert (Ost-Kanaren, auf Fuerteventura u. den Lanzarote-Inseln), *P. c. ultramarinus* Bonaparte (NW-Afrika von Marokko bis Tunesien, von der Mittelmeerküste nach Süden bis Sahara-Rand u. einigen nördlichsten Oasen), *P. c. cyrenaicae* Hartert (NW-Cyrenaica).

Die *caeruleus*-Gruppe umfaßt: *P. c. obscurus* Prazák (Britische u. Kanal-Inseln), *P. c. caeruleus* L. (Europa zwischen ca. 64° und 60° N bis Ural, südwärts bis Frankreich, Kantabrisches Gebirge in NW-Spanien, zum zentralen Spanien, Italien, Sizilien, Balkan-Halbinsel bis N-Griechenland, Kleinasien u. Rhodos. Übergang in *orientalis* etwa ab Wolga, auf der Krim von *satunini* vertreten), *P. c. balearicus* von Jordans (Balearen), *P. c. ogliastrae* Hartert (Portugal u. Spanien — dort allmählich übergehend in Nominatform — Korsika u. Sardinien, S-Griechenland u. Kreta. Die griechischen u. kretischen Populationen [„*calamensis*"] unten ganz geringfügig blasser gelb), *P. c. orientalis* Zarudny u. Loudon (westliche Sowjetunion — Westgrenze unsicher, nach Osten bis zentralen u. südlichen Ural), *P. c. satunini* Zarudny (Krim, Kaukasus u. Transkaukasien, ostwärts Talysch u. NW-Iran), *P. c. raddei* Zarudny (N-Iran, im Elbrus- u. südkaspischen Bereich. Im angrenzenden SW-Transkaspien, evtl. auch in Khorrasan — diese blassere Population ähnelt mehr *satunini*), *P. c. persicus* Blanford (Zagross-Gebirge in SW- u. S-Iran, nach Osten bis Fars. Übergang zu *satunini* in Hamadan-Region. Klin sich vermindernder Saturation von *satunini* im NW-Iran zu *persicus*, auch im Zagross nachweisbar.

Verbreitung

Westpaläarktisch. In der borealen, gemäßigten, mediterranen und möglicherweise Steppenzone. Der Arealrand in NW-Europa reicht sehr wahrscheinlich bis an die Juli-Isotherme von 14 °C, die Südwestperipherie nähert sich der von rund 30 °C. Vertikal vom Tiefland bis in mittlere Gebirgslagen, unterhalb der Baumgrenze, verbreitet.

Oekologie

Die Habitatpräferenzen werden in lichten Wäldern mit überwiegenden Laubhölzern und reichem Unterwuchs erfüllt. Ebenso in Auwäldern, Parks, Gärten jeder Größe und Obstplantagen, auf Feldern und Weideland, sofern Hecken und Bäume darüber verstreut. Im Südareal vorwiegend in Bergwäldern, gelegentlich sogar Palmenhainen. Am libyschen Jebel Akhdar in schütteren Wacholder- und Zypressenwäldern (Bundy 1976). Kompakte Nadelholzbestände werden nicht grundsätzlich gemieden, dennoch deutlich geringer besiedelt, es sei denn, Konkurrenzdruck seitens anderer Pariden entfällt völlig bzw. andere Waldvögel sind nur wenig vorhanden (Gotland, Kanaren usw.). Abundanzanalysen für Großbritannien und Irland (Ferguson-Lees u. Sharrock 1976) ergaben für Nadelwälder etwa 10 Brutpaare je km^2, für Laubwälder hingegen mehr als 100 BP/km^2. In Farmland (Westmoreland u. Suffolk) sind 2,6—34,7 BP/km^2 ermittelt worden — 1972 14,6 in bäuerlich genutzten, 42,7 in bewaldeten Gegenden. Maximalzahlen können in suburbanen Waldgebieten und Parklandschaften erreicht werden. In den irischen Laubwäldern werden 2000 BP/10 km^2 vermutet, weniger in Moor- und Hochlandarealen. Britische und irische Populationen werden auf rund 5 Millionen Brutpaare veranschlagt.

Weitere ausführliche Angaben zu den Habitatansprüchen macht Snow (1954), zur Brutbiologie vgl. im Detail bei Gibb (1950), auch bei Winkel (1970).

Wanderungen

Stand-, Strich- und Zugvogel.

Angehörige der nördlichen Populationen wandern in jährlich wechselnder Zahl nach Süden und verbringen den Winter in mittleren und mehr südlichen Teilen des Areals. In Großbritannien geschieht dies zwischen September und Januar. Beringte (Nord-)Exemplare haben Sardinien erreicht. Kaukasische *P. c. satunini* wurden winters in Kurdistan und N-Irak angetroffen.

Parus cyanus Pallas

Lasurmeise

Gliederung und Verbreitung

P. caeruleus und *P. cyanus* bilden eine Überart (Superspecies). Jene repräsentieren eine alte westpaläarktische, die Lasurmeisen hingegen eine asiatische Gruppe, die sich bis Osteuropa ausgebreitet hat. Hier ist es zur Bastardierung gekommen (vgl. Diskussion u. einschlägige Karte bei Vaurie 1957). Meise (1975) bewertet dies als Gelegenheitsbastardierung. Das Überlagern von der Wolga bis zum Ural sei relativ alt, „da es sich dort um eine Rasse der Lasurmeise handelt, die von der westsibirischen durch dunklere Färbung abweicht, und da die Blaumeise kürzlich nicht vorgerückt ist" (l. c.). Wahrscheinlich haben die wenigstens seit dem Vorstoßen des nordischen Inlandeises differenzierten Arten (eine als West-, die zweite als Ostspecies) nebeneinander überwiegend voneinander getrennte Habitate bewohnt, ohne sich zu vermischen. Ortswechsel herbstlicher Lasurmeisentrupps (bis jeweils um 150 Ex.), manchmal wie Auswanderungen wirkend, sind im vergangenen Jahrhundert im Westteil mehrfach registriert worden. Auf derartige Vorstöße geht sicher die blaumeisenähnliche (kaum mit Gelb) Mischform *pleskii* (1877 von Cabanis beschrieben, Typus in Coll. Zool. Mus. Berlin) zurück, die mancherorts mangels *cyanus*-Nachschubs und per Rückkreuzung mit *caeruleus* allmählich wieder verschwand. Mischlinge sind u. a. aus den Räumen Wologda, Orenburg, Minsk, Leningrad, Moskau bekanntgeworden. Bestenfalls im Nordwesten (Kreise Jaroslawl u. Wladimir) kann eine zeitweilige (sympatrische) Mischzone konstatiert werden, ,,deren einer Bewohner aber ziemlich sicher bald so gut wie ganz wieder verschwunden ist... weil er (1) nicht konkurrenzfähig war, (2) präadaptive Anpassungen fehlten, auch keine neuen erworben wurden, und (3) er nicht isoliert, sondern völlig fruchtbar wenigstens in Rückkreuzungen war. Daß nach 1900 bei Leningrad immer mehr Rückkreuzungen erfolgten, beweist die Benennung mehrerer fast der Blaumeise ähnlichen Phänotypen (*pallescens, pallidus, languidus*). Hier um Leningrad und Wologda scheint *cyanus* heute, wie vor der Invasion, wieder zu fehlen ... Jedenfalls hat dieser Vorstoß in den Westen die Isolationsfaktoren nicht verstärkt. Sie sind trotz gleichen Gesanges wie im gemeinsam bewohnten Gebiet recht wirksam, wohl über Biotopwahl und Partnerwahl der überaus verschiedenen Tiere" (MEISE 1975).

Insofern sind Blau- und Lasurmeise als Paradebeispiel für ,,reinforcement", also Wirken der Auslese gegen heterotische Individuen in Mischzonen bzw. als ,,Beweis" für Verstärken der isolierenden Mechanismen dort und sich anschließendes Größerwerden der Genom-Differenz eben im sympatrischen Bereich ungeeignet.

Neuerdings hat die Art Finnland erreicht. Das erste Brutpaar wurde 1973 an der Ostgrenze registriert, ein Mischpaar mit *P. caeruleus* in Turku. Bis 1976 10 weitere Einzelbeobachtungen in Zentral- und Südfinnland (Lintumies 11, 58–61; 13, 63.).

P. cyanus bildet zwei Variationsreihen: Eine weißköpfige europäisch-westsibirische und eine grauköpfige mittelasiatisch-ostsibirische. In jener werden die Vögel von West nach Ost heller und weniger blau; ihr Brutgebiet zieht sich als relativ schmales Band von der westlichen Sowjetunion bis zum Ural. Die ,,Westvariante" *cyanus* geht etwa bis zu diesem Gebirge, das östliche Gegenstück *hyperriphaeus* ist westsibirisch, die morphologische Differenz zwischen beiden ist ausnehmend klein. Die zweite Sequenz reicht von W-Kuenlun und E-Tienschan über N-Mongolei und Transbaikalien bis Mandschurei und Ussurien. Die Stücke daraus sind oberseits trüber, ihre Kopfplatten schmutzig grauweiß. Im Westen kommt *tianschanicus* vor, Ostvariante ist *apeliotes*. Die Merkmalsprogression ist wenig ausgeprägt. Im mittleren Sibirien, schon bei Tomsk beginnend, und im Alai ostwärts bis in den Baikal-Raum, tritt als Übergangsform beider Reihen der intermediäre *yenisseensis* auf (JOHANSEN 1944). Die geographische Variation insgesamt ist ziemlich komplex; vgl. dazu bei VAURIE (1959, S. 505–506), dessen subspezifische Gliederung diese ist:

P. cyanus cyanus Pallas. Rußland, im Osten bis etwa Ural. Südöstlich anscheinend in *hyperriphaeus* übergehend.

P. c. hyperriphaeus Dementiev et Heptner. Von ungefähr Baschkirien bis zur Tomsk-Region, dort Übergang zu *yenisseensis*.

P. c. koktalensis Portenko. Russisch Turkestan.

P. c. yenisseensis Buturlin. Südsibirien E ca. Tomsk bis etwa Irkutsk, eventuell SW-Transbaikalien. Die subspezifische Zugehörigkeit der nordmongolischen und transbaikalischen Populationen (zu *yenisseensis* oder *tianschanicus*) ist umstritten; wahrscheinlich sind etliche mehr oder minder intermediär.

P. c. tianschanicus Menzbier. SE-Altai bis Amur-Tal, N-Mandschurei und Primorje, Russisch und Chinesisch Turkestan.

P. c. flavipectus Severtzov. Russisch Turkestan W *tianschanicus*, vom Kirgisischen Gebirge (W *tianschanicus*), Chatkal Tau, Talas Tau, Susamyr Tau und Fergana-Gebirge, südwärts durch Fergana, Tadshikistan und Pamir nach NE-Afghanistan und W-Hindukusch. Die unterartliche Zugehörigkeit der Vögel von Chitral im äußersten NW-Pakistan hat MAUERSBERGER (1977) zu klären versucht (vgl. detailliert dort).

P. c. carruthersi Hartert. Russisch Turkestan W *flavipectus* in Hissar- und Serafschan-Gebirge, auch im Serafschan-Tal bis Samarkand.

P. c. berezowskii Pleske. Sehr isolierte Population. Nur in einem kleinen Gebiet am oberen Hwang ho und S Koko nor (E-Tsinghai).

Das Aufeinanderbezogensein dieser im Alterskleid gelbbrüstigen Formen (alle anderen sind weiß) innerhalb der *flavipectus*-Gruppe (*flavipectus, carruthersi, berezowskii*) ist noch immer wenig klar. Wo die Bruträume von *flavipectus* und *carruthersi* aneinandergrenzen, ist kaum bekannt. Zudem ist die geographische Variabilität innerhalb dieser beiden ,,West"-Vögel bislang weitestgehend unbeachtet geblieben. So stellt VAURIE (1959) die Populationen des Alai, westlichen Pamir und zentralen Tadshikistans zu *flavipectus*. Nach STEPANJAN (1972) gehören sie zu *carruthersi* und gehen im östlichen Alai in *flavipectus* über. JOHANSEN (1944) hielt die Gelbbrust-Meisen für zentralasiatische Reste einer gemeinsamen Urform. ,,Darauf deutet auch das sehr seltene Vorkommen und die eigentümliche Verbreitung von *P. c.* (*flavipectus*) *berezowskii* in China (östlicher Nanschan) hin, ebenso der gelbliche Anflug auf der Unterseite von Jungvögeln von *tianschanicus*" (l.c.).

VAURIE (1959) resümiert, daß die bedeutenden Differenzen in den Farbmustern von Alters- und Jugendkleid zwischen den *cyanus*- und *flavipectus*-Populationen die Frage aufwerfen, ob beide noch konspezifisch sind. In jedem Fall sind sie auf dem Wege zum Artrang bereits weit vorangekommen. Dasselbe gilt für *P. c. berezkowskii* (vgl. MAUERSBERGER 1976).

Die zentrale und ostpaläarktische Verbreitung findet im Norden ungefähr bei der Juli-Isotherme von 18 °C ihre Grenze, die Südgrenze könnte mit der von 22 °C zusammenfallen. Es hat den Anschein (siehe o. g. Bastardierungsphänomen), als ziehe sich die Art von ihrer westlichen Peripherie etwas zurück. Die vertikale Verbreitung ist auffallend wenig belegt. Sie reicht von den Niederungen der Flüsse und Seen des Westens und Nordens bis in Tallagen und Seenbecken höherer Gebirge im Osten und Süden. ABDUSALYAMOV (1973) gibt für Tadshikistan (*P. c. flavipectus*) 1500–2400 m an, für Badachschan bis 2800 m.

Spezialkarten der Verbreitung bei ABDUSALYAMOV (Tadshikistan), PIECHOCKI (Mongolei), CHENG (China).

Oekologie

JOHANSEN (1944) charakterisiert die Lasurmeisen als Bewohner vor allem von Auenwaldungen, speziell der Weidichte an Wasserläufen. Hochwald meiden sie im allgemeinen, seien jedoch hier während der Strichzeit anzutreffen. „Besonders günstige Lebensbedingungen findet sie in den großen Flußtälern der südlichen Taiga, in den Waldsteppen und längs den Flüssen auch im Steppengebiet. Im Altaigebirge ist sie an das Gesträuch der Flüsse und Bäche gebunden" (l. c.). VOOUS (1965) verweist daneben auf Weiden- und Pappelbüsche auf Flußinseln, Strauchwerk und niedriges Gehölz an Süßwasserseen in Taiga und Steppe, auch Birkenwälder in der Waldsteppe und Laubunterholz in der Randlage montaner Nadelwälder. Diese relative Stenökie wird immer wieder unterstrichen (PIECHOCKI 1972 — Mongolei, PANOW 1973 — Südprimorje, RAWKIN 1973 — NE-Altai, RAWKIN 1978 — Ob-Gebiet, ABDUSALYAMOV 1973 — Tadshikistan). Sie prägt das Verbreitungsmuster und bewirkt gewisses Zerstreutsein der Brutansiedlungen. Die Brutmonate in Westsibirien sind Mai und Juni. „Die Lasurmeise führt dann ein recht verstecktes Dasein im undurchdringlichen Ufergestrüpp und wird daher nur selten beobachtet" (JOHANSEN 1944). Nest mit frischen Eiern bei Tara am 26. Mai. „Unlängst" ausgeflogene Junge im Altai Ende Juni, „gut" flügge verschiedenenorts Anfang Juli. Gleichsinnige Angaben zum Fortpflanzungsgeschehen etc. machen IWANOW (1969) und ABDUSALYAMOV (1973, vgl. ausführlich dort).

Wanderungen

Stand- und Strichvogel. Streichen schon ab Ende Juli und August in Gesellschaften umher. Nord-Süd-Verschiebungen sind an etlichen Stellen registriert worden, laut JOHANSEN (1944) Ende August/Anfang September, entgegengesetzt im Frühling im April. Die Nominatform hat wandernd die Ukraine, Skandinavien, die Niederlande, Ostfrankreich, die Schweiz, Österreich (Kärnten) und Rumänien erreicht. „*Pleskii*"-Vögel sind 1969 (22. X.) und 1971 (5.—15. XII.) in den Niederlanden nachgewiesen worden (TEKKE 1972, VAN MARLE et al. 1973). *P. c. yenisseensis* ist bis W-Rußland gestrichen, *P. c. tianschanicus* erscheint nach der Brutsaison in Sinkiang und den mongolischen Ebenen, herbstliche *P. c. flavipectus* in NW-Afghanistan, winterliche *P. c. carruthersi* im N-Iran (Meshed).

Bei westsibirischen Lasurmeisen wurde beobachtet, daß sie im Winter in Gesellschaften dicht aneinandergedrängt schlafen.

X

1982

Parus lugubris Temminck

bearbeitet von

K. WUNDERLICH

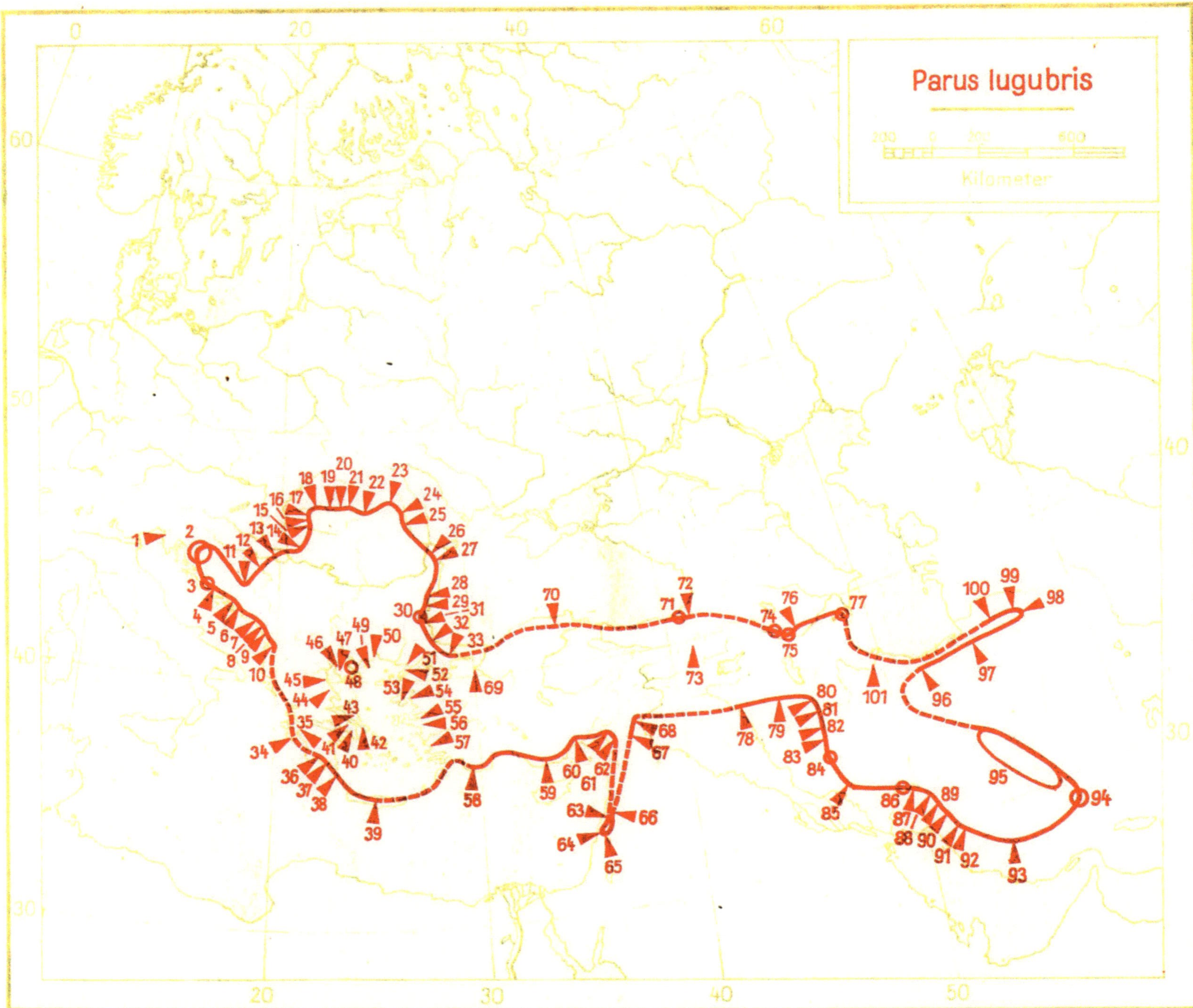
Parus lugubris
200 0 200 600
Kilometer

DONTSCHEW 1961 Bull. Inst. Zool. Mus. Sofia 10, 83.
ECK 1980 Zool. Abh. Mus. Tierk. Dresden 36, 145–148, 180–185.
ÉRARD u. ETCHÉCOPAR 1970 Mém. Mus. Hist. Nat. Paris 66, 107–108.
GENGLER 1920 Balkanvögel. Altenburg-Leipzig. 99–101.
GRÖSSLER 1967 Larus 19, 220.
GURNEY 1901 Ibis 1 (8), 376.
GYÖRFI 1959 Aquila 66, 314.
GYÖRFI 1964 Aquila 69–70, 274.
HARRISON u. PATEFF 1937 Ibis 1 (14), 604.
HOLLOM 1955 Ibis 97, 14.
HOLLOM 1959 Ibis 101, 192.
HUBALÉK 1978 Falke 25, 47.
IVANOVIĆ 1970 Larus 21–23, 151.
JOHNSON 1958 Iraq Nat. Hist. Mus. Publ. 16, 22.
VON JORDANS 1940 Mitt. Naturwiss. Inst. Sofia 13, 91–92.
KATTINGER 1960 Larus 12–13, 155–156.
KINZELBACH 1969 Bonner Zool. Beitr. 20, 179.
KOLLIBAY 1903 Orn. Jb. 14, 38.
KOLLIBAY 1904 J. Orn. 52, 460–463.
KÖNIG 1961 Anz. Orn. Ges. Bayern 6, 172.
KORODI-GÁL 1960 Aquila 66, 225–232.
KRPAN 1957 Larus 9–10, 131.
KUMERLOEVE 1961 Bonner Zool. Beitr. 12. Sh., 82–83.
KUMERLOEVE 1962 Iraq Nat. Hist. Mus. Publ. 20–21, 19.
KUMERLOEVE 1967 Rev. Fac. Sci. Univ. Istanbul. Ser. 3., 32, 115.
KUMERLOEVE 1970 Vogelwelt 91, 141.
KUMMERLÖWE u. NIETHAMMER 1934 J. Orn. 82, 550–551.
LERJUGIN 1900 Ann. Zool. Univ. Acad. Sci. St.-Pétersb. 5, 295.
LEONOWITSCH et al. 1970 Biol. Shurn. Armenii 23, 71–78.
LIEDEL u. LUTHER 1969 Beitr. Vogelk. 14, 423.
LÖHRL 1966 J. Orn. 107, 167–186.
LOSKOT 1977 Westn. Zool. 4, 28.
LOSKOT 1978 Trudy Zool. Inst. Akad. nauk. SSSR 76, 46–60.
MAKATSCH 1950 Vogelwelt Macedoniens. Leipzig. 156–157.
MAKATSCH 1969 Abh. Mus. Tierk. Dresden 30, 40.
MATHEY-DUPRAZ 1921 Orn. Beob. 12, 187.
MATVEJEV 1950 Ornithogeographia Serbica. Belgrad. 177–179.
MATVEJEV u. VASIĆ 1977 Larus 30, 133.
MAUERSBERGER 1960 J. Orn. 101, 118.
MOUNTFORT u. FERGUSON-LEES 1961 Ibis 103 a, 462.
MUNTEANU 1962–1963 Aquila 69–70, 274.
NAGY 1961 Vertebr. Hung. Budapest 3, 81.
NESTEROW 1911 Messag. Orn. 2, 145–148.
NIETHAMMER 1943 J. Orn. 91, 207.
PALUDAN 1938 J. Orn. 86, 604.
PAPADOPOL 1975 Trav. Mus. Hist. Nat. București 16, 258.
PEASE 1940 Ibis 4 (14), 102.
PESCHEV 1967 Bull. Mus. Varna 3, 188–212.
v. PÉTENYI 1905 Orn. Fragmente. Gera-Untermhaus. 230–232.
PETROV u. ZLATATOV 1955 J. Sci. Res. Inst. Min. Agric. Sofia 1, 97.
PEUS 1954 Bonner Zool. Beitr., Sonderb. I, 23.
PRĂZAK 1895 Orn. Jb. 6, 84–86.
PROSTOV 1964 Mitt. Zool. Inst. Mus. Sofia 15, 27.
RATHMAYER u. REMOLD 1958 Anz. Orn. Ges. Bayern 5, 40.
REISER 1905 Ornis Balcanica. 3. Wien. 176–178.
REISER 1939 Ornis Balcanica. 1. Wien. 69–71.
ROBEL et al. 1978 Beitr. Vogelk. 24, 215.
ROHÁČEK 1918 Orn. Jb. 28, 119.
ROKITANSKY u. SCHIFTER 1971 Ann. Naturhist. Mus. Wien 75, 529.
RUCNER 1954 Larus 6–7 (1952–1953), 88.
RUCNER 1970 Larus 21–22, 106.
RUCNER u. OBRATIL 1973 Larus 25, 65.
SARUDNY u. LOUDON 1905 Orn. Mber. 13, 76.
SCHENK 1917 Fauna Hungariae. Aves. Budapest. 79.
SIMEONOV 1966 Fragm. Balcan. Mus. Macedon. Sci. Nat. 5, 175.
STEINFATT 1954 J. Orn. 95, 252–253.
STEPANJAN 1974 Bull. Soc. Nat. Moscou 79, 144.
STEPANJAN 1978 Sost. i raspred. ptic fauny SSSR. Moskwa. 241–242.
TICEHURST et al. 1926 J. Bombay Nat. Hist. Soc. 31, 98.
TICEHURST u. WHISTLER 1932 Ibis 2 (13), 56.
TRISTRAM 1882 Ibis 4 (6), 418.
TUTMAN 1963 Larus 15, 180–181.
VADER 1965 Ardea 53, 181.
VASVÁRI 1929 Aquila 34–35, 391.
VAURIE 1950 Amer. Mus. Novit. 1459, 4.
VAURIE 1959 Birds palearct. Fauna. Passeriformes. London. 483–484.
WARNCKE 1964 Vogelwelt 85, 169–170.
WARNCKE 1968 Vogelwelt 89, 2, 98.
WATSON 1964 Yale Univ. New Haven, Conn. Dissert.
WEIGOLD 1914 J. Orn. 62, 83.
WITHERBY 1903 Ibis 3 (8), 529.
WITHERBY 1907 Ibis 1 (9), 93.
WITHERBY 1910 Ibis 4 (9), 505.
ZARUDNY u. BILKEWITSCH 1913 Messag. Orn. 4, 30.

Briefliche Auskünfte erteilten: KEVE (Siebenbürgen), KOHL (Rumänien), NANKINOV (Bulgarien).

Nr.	Ort	Status	Quelle
66.	bei Bécharré (Northern Cedres)	A	Kumerloeve 1962
67.	W Gaziantep	AJ	Warncke 1964
68.	bei Besni	As	Tristram 1882
69.	S Osmaneli	B	Warncke 1968
70.	Kastamonu	A	Kummerlöwe u. Niethammer 1934
71.	unteres Tschoroch-Becken	A	Stepanjan 1978
72.	Gurdjani (Artoin) ↓	As	Nesterov 1911
—	Raum Coruh	A	Dombrowskij 1913
—	Ardanutsch	J	Lerjugin 1900
73.	Erzurum ↓	A	Pražak 1895 (fide Kumerloeve 1961)
74.	S-Teil Zangezur-Gebirge	A	Stepanjan 1978
75.	Megri	NAc	Leonowitsch et al. 1970, Loskot 1977
—	Lehwaz	A	Coll. Zool. Mus. Moskau
—	Litschwaz	As	Loskot, unveröff.
—	Wardanadzor	Ac	Leonowitsch et al. 1970
76.	Umgebung von Zangelan	AsJs	Leonowitsch et al. 1970, Loskot 1977
77.	Talysch (Raum Lerik) ↓	AcNJ	Loskot 1977
—	Wizezamin (X.)	A	Stepanjan 1974
78.	Dohuk	A	Ticehurst et al. 1926
—	N u. S Ser Amadia	A	Chapman u. Mogeogh 1956
79.	Rowanduz-Schlucht (X.)	A	Johnson 1958
80.	Kondol	J	Coll. Zool. Inst. Leningrad
—	Aw-Kurte	J	Coll. Zool. Inst. Leningrad
81.	Germaw	AJc	Coll. Zool. Inst. Leningrad
—	Beljaki (= Belke)	A	Coll. Zool. Inst. Leningrad
—	Siach-Güwez	J	Coll. Zool. Inst. Leningrad
—	Sure-Diz	J	Coll. Zool. Inst. Leningrad
82.	Piran	A	Coll. Zool. Inst. Leningrad
83.	Sirwan-Tal	Jc	Coll. Zool. Inst. Leningrad
84.	Surkhidizeh (I.)	Ac	Vaurie 1950
85.	Fittag Dag, E Ali Gharbi (X.)	A	Ticehurst et al. 1926
86.	Ti	Ac	Vaurie 1950
—	Imarat (II.)	Ac	Vaurie 1950
—	Pashmshurun	AJc	Vaurie 1950
—	Damavar	A	Vaurie 1950
87.	Berge bei Mal Amir	A	Witherby 1907
88.	Deh-i-Diz (= Dehdiz)	A	Witherby 1907
—	ebendort	Ac	Coll. Univ. Taschkent
—	Sarchun (= Serchun) I.	A	Coll. Univ. Taschkent; Coll. Mus. Tring
—	Sehalie (I.)	A	Coll. Univ. Taschkent; Coll. Mus. Tring
89.	Dopolan (I.)	A	Coll. Univ. Taschkent
—	Gamdalkal (I.)	A	Coll. Univ. Taschkent
90.	bei Pul-i-mard	J	Witherby 1903
91.	bei Aliabad	A	Witherby 1903
—	Dastarjin (= Deschte-Erjen)	AJ	Vaurie 1950, Coll. Mus. Tring
92.	nahe Shiraz	A	Blanford 1876
93.	Niriz (= Neiriz)	A	Vaurie 1950
94.	Kuh-e-Jebal-Barez (ca. 40 km WSW Bam)	A	Érard u. Etchécopar 1970, Stepanjan 1978
—	Deh Bakri (= Dehbakri)	A	Vaurie 1950, Desfayes u. Praz 1978
—	Gudar Ushturu (I.)	A	Vaurie 1950
—	Dehidisk (I./II.)	A	Vaurie 1950
—	Guragan (II.)	A	Vaurie 1950
—	Maskun (= Masgun), II.	A	Vaurie 1950
95.	Kuchrud-Gebirge	A	Stepanjan 1978
96.	Anan (VIII.) ↓	J	Blanford 1876
—	Nordseite Elburs	A	Witherby 1910
97.	Dimalu ↓	AJ	Vaurie 1950
98.	unterhalb Dasht	A	Érard u. Etchécopar 1970
99.	unterhalb Dorlabad	A	Érard u. Etchécopar 1970
100.	bei Ach-Iman ↓	AJ	Zarudnyj u. Bilkewitsch 1913
101.	um Rustum Abad (= Rostemabad) ↓	A	Sarudny u. Loudon 1905

Anmerkungen

Zu P. 49:
Bauer et al. (1969) versehen den Status „Brutvogel“ mit Fragezeichen.

Zu P. 72 u. 73:
Kumerloeve (1967) unterstreicht, daß diese älteren Angaben in neuerer Zeit nicht bestätigt werden konnten. „Besondere Nachsuche deshalb erforderlich“ (l. c.).

Zu P. 77, 96, 97, 100, 101:
Hier ist *P. l. hyrcanus* angetroffen worden.

LITERATUR

Almásy 1898 — Aquila 5, 106, 163.

Antal et al. 1971 — Larus 23 (1969), 120.

Balát 1962 — Acta Acad. Sci. Čechoslov. Bas. Brunenensis 34, 462.

Bauer et al. 1969 — Cat. Faunae Graeciae. Aves. 133.

Béldi 1952—1955 — Aquila 59—62, 229—231.

Béldi 1964 — Aquila 69—70 (1962—1963), 274.

Béldi 1968 — Aquila 75, 302.

Béldi u. Mannsberg 1973 — Aquila 76—77, 165—179.

Blanford 1876 — Eastern Persia. 2. London. 229.

Boev et al. 1964 — Mitt. Zool. Inst. Mus. Sofia 16, 56—105.

Boyd 1916 — Zoology (4) 20, 121—134.

Cătuneanu et al. 1966 — Trav. Mus. Hist. Nat. Bucureşti 6, 320.

Cătuneanu 1975 — Studii Muz. Brukenthal Sibiu 19, 273—295.

Chapman u. Mogeogh 1956 — Ibis 98, 589.

Curio 1961 — J. Orn. 102, 136.

Desfayes u. Praz 1978 — Bonner Zool. Beitr. 29, 29.

Dombrovski 1912 — Ornis Rumaniae. Bukarest. 287—289.

Dombrowskij 1913 — Trav. Soc. Orn. Kiew 1, 133.

FUNDORTLISTE

Nr.	Fundort		Quelle
1.	bei Portorož	A	Matvejev u. Vasić 1977
2.	Kroatien	B	Rucner 1965
3.	Mosor-Gebirge	BA	Krpan 1957, König 1961
4.	bei Omiš	ANs	König 1961, Löhrl 1966
5.	zwischen Raba u. Klek	AJ	Rucner 1970
—	Neum	A	Reiser 1939
6.	Raum Zavala	B	Tutman 1963
—	Drijano (I.)	A	Rucner 1970
7.	Crna Gora, zwischen San Stefano u. Budva	As	Kattinger 1960
—	Kotor-Bucht (= Cattaro-Bucht)	ANJc	Kollibay 1903, 1904, Roháček 1918
—	Castelnuovo	AJ	Coll. Mus. A. Koenig Bonn, Coll. Naturhist. Mus. Wien
8.	Bar	A	Rucner 1965
—	Skadar-See	A	Ivanović 1970
9.	Ulcinj	A	Rucner 1965
10.	N Tirana	A	Kattinger 1960
11.	Popov most an d. Sutjeska	As	Rucner u. Obratil 1973
—	Glavatičevo	Ac	Reiser 1939
—	Jeleč	Ac	Reiser 1939
—	Visočica Planina (X.)	Ac	Reiser 1939
12.	Kladanj	A	Reiser 1939
13.	Fruška Gora	A	Matvejev 1950, Antal et al. 1971
14.	Recaş (VIII.–II.)	A	Cătuneanu 1975
15.	Lunka (= Lunca)	BAJ	Schenk 1917, Cătuneanu 1975
16.	Rimetta (= Remetea) (VIII.)	As	Béldi 1962/1963
17.	Békás	A	Vasvári 1929
18.	Oreada (XII.)	As	Kovats et al. 1970
19.	Gyalu	A	Vasvári 1929
—	Klausenburg (= Cluj=Kolozsvár)	ABJNs	Béldi 1952–1955, Nagy 1961, Béldi 1962/63, Munteanu 1962/63, Béldi 1964
20.	Umgebung von Kalotaszeg (X.)	As	Györfy 1959
21.	Kleiner Szamos	A	Béldi u. Mannsberg 1973
—	Bélavára (= Belioara), Schlucht von Torda	Aa	Korodi-Gál 1960
22.	bei Dédabisztra (= Déda) am Fuße der Kelemen-Alpen (VIII.)	As	Béldi 1968
23.	Calu	A	Cătuneanu 1975
24.	Solesti	As	Papadopol 1975
25.	Birlad-Tal	As	Papadopol 1975
26.	Hanceurca	Ac	Almásy 1898
—	Racova-Tal	A	Cătuneanu 1975
—	Tiganca	A	Cătuneanu 1975
—	Luncavita (Herbst)	A	Cătuneanu 1975
27.	Umgebung von Babadagh	Ac	Dombrovski 1912
—	Ciucurova	A	Almásy 1898
28.	N Warna	ABJ	Mauersberger 1960, Peschev 1967, Liedel u. Luther 1969
—	nahe Aladsha-Kloster (VIII.)	A	Liedel u. Luther 1969
—	Batova	A	Petrov u. Zlatanov 1955
29.	Kamtschija	A	von Jordans 1940, Mauersberger 1960, Peschev 1967
—	Gjulowca	A	von Jordans 1940
—	N Nessebar	A	Grössler 1967
30.	Raum Burgas	B	von Jordans 1940, Prostov 1964
31.	bei Primorsko	AJ	Balát 1962, Hubálék 1978
—	Kap Maslen nos	A	Balát 1962
32.	bei Iğneada	BJ	Rokitansky u. Schifter 1971
33.	Istanbul	A	Vader 1965
—	Kiahathané Sou	Aa	Mathey-Dupraz 1921
34.	Sakinthos	A	Reiser 1905
35.	Kap Araxos	A	Makatsch 1969
36.	bei Kalamata	B	Niethammer 1943
—	Langada-Schlucht	B	Niethammer 1943
37.	E Githion	A	Kinzelbach 1969
38.	Kithira	B	Bauer et al. 1969
39.	Ida-Gebirge	A	Bauer et al. 1969
—	bei Camares	A	Pease 1940
40.	am Hymettos	AJ	Reiser 1905
—	Scaramangá (22. II.)	A	Reiser 1905
—	Pentelikon-Gebirge	J	Coll. Mus. Nat. Hist. London
41.	Südteil d. Waldes von Tatoi („Birnwald")	A	Steinfatt 1954
42.	Distos-See	AJ	Makatsch 1969
43.	Dirphys-Gebirge	A	Peus 1954
44.	Tempi-Wald	A	Peus 1954
45.	Kloster Kanalon	A	Peus 1954
46.	bei Aswestochorion	A	Rathmayer u. Remold 1958
—	Berg Chortiatis (Saloniki)	A	Peus 1954
47.	beim Kloster Aiga Anastasia	A	Makatsch 1950, Rathmayer u. Remold 1958
48.	Golf von Orfani, Tal zw. Rendina u. Stavros, Wolwi-See	ABJ	Makatsch 1950, Peus 1954, Curio 1961
49.	Thasos	B	Hovorka (fide Bauer et al. 1969)
50.	Bodoma-Gebirge	A	Harrison u. Pateff 1937
51.	Bahceköy	A	Rokitansky u. Schifter 1971
52.	auf Gallipolli	A	Boyd (fide Kumerloeve 1961)
53.	Lesbos	A	Watson 1964 (fide Bauer et al. 1969)
54.	Ayvalik	A	Vader 1965
55.	Raum Izmir	Ac	Kumerloeve 1961; Coll. Zool. Inst. Leningrad
56.	bei Tire	A	Kumerloeve 1961
—	Schuk (= Akrncilar)	A	Kumerloeve 1961
—	Torbali	A	Kumerloeve 1961
57.	Bafa-Gölü	A	Rokitansky u. Schifter 1971
—	Priene	A	Weigold 1914
58.	bei Kasaba	A	Rokitansky u. Schifter 1971
—	Avlan-Gölü	Ac	Vader 1965
59.	zwischen Yeniköy u. Mut	As	Warncke 1968
—	Eregli	A	Coll. Zool. Mus. Berlin
60.	Bürücek	A	Kumerloeve 1961
—	Cilician Gate	A	Vader 1965
—	Taurus-Durchbruch S Pozanti	A	Kumerloeve 1961, Warncke 1964
—	Hacin Dagi	Ac	Kumerloeve 1961
61.	um Haruniye	A	Kumerloeve 1961
62.	S Fevzipasa	As	Warncke 1968
63.	Afqua (IX.)	A	Kumerloeve 1961
64.	Khalde	A	Kumerloeve 1962
65.	bei M'chatie, nahe Ainata	AJ	Hollom 1959

Parus lugubris Temminck

Trauermeise

Verwandtschaft und Gliederung

Parus lugubris ist sehr wahrscheinlich die größte Graumeise und steht im Subgenus *Poecile* Kaup (HELLMAYR 1903) relativ isoliert. Einige abweichende Merkmale lassen auf Altertümlichkeit schließen. Nahe Verwandtschaft mit *P. palustris* wird vermutet.

Es sind 6 Unterarten beschrieben worden, aus denen sich 3 Populationsgruppen — heute morphologisch und biologisch gut zu charakterisieren — bilden lassen: 1. Die Nominatform *P. l. lugubris* Temminck im europäischen Arealteil, 2. *P. l. anatoliae* Hartert in Kleinasien, den Bergen des Libanon, dem armenischen Hochland und südlichen Transkaukasien, 3. *P. l. dubius* Hellmayr in den Bergländern Irans (Zagros u. mittlerer Süden). Die Nominatform und *anatoliae* gehen am Westrand Kleinasiens ineinander über, bereits in Ostmakedonien/Thrakien brüten Übergangspopulationen zu *P. l. anatoliae*. Dieser und *dubius* haben höchstwahrscheinlich in den Bergen des Nordirak weiträumig Kontakt miteinander.

Die 3 anderen Formen sind weniger klar differenziert, weichen morphologisch nur unbedeutend von den Stammpopulationen ab. Die Beschreibung zweier gründet sich auf die Variabilität der Körpermaße und „Kappen"-Farbe (von zimtbraun bis mattschwarz) bei europäischen Stücken. Der Verbreitung großer und schwarzköpfiger Vögel (*P. l. splendens* Gengler) zufolge (die man öfter im Norden, bes. in Bulgarien, antraf), kann man diese nicht zuverlässig lokalisieren. Ebenso wenig ist das bei der geringfügig hellerköpfigen Unterart *P. l. lugens* Brehm der Fall, die im südlichen und zentralen Griechenland überwiegt, aber eben auch im Norden, in der Dobrudscha (DOMBROVSKI 1912, CĂTUNEANU 1975) und den Karpathen (CĂTUNEANU, Fig. 3) beobachtet werden kann. Beide gleichen der Nominatform noch derart, daß ihre subspezifische Sonderung (bes. die von *P. l. splendens*) zumindest verfrüht erscheint. Bisher wenig bekannt ist *P. l. kirmanensis* Koelz der mittelsüdiranischen Gebirge (Kirman-Region u. Dshemalbarez), die sich von *P. l. dubius* höchstens durch etwas dunkleren und mehr graubraunen Rücken abhebt. Auch ihre unterartliche Abtrennung bedürfte zusätzlicher Belege. ECK (1980 in litt.) plädiert dennoch dafür, jene 3 Balkan-Subspezies (*splendens, lugubris, lugens*), untereinander und mit *anatoliae* übereinstimmend proportioniert, zu sondern. „*P. l. lugubris* ist morphologisch und geographisch Übergangsform zwischen dem braunen und winzigen(!) *lugens* und dem weißbäuchigen und riesigen nördlichen *splendens* (max. Flügell. 80 mm!)."

Oft wird *P. lugubris* die kleinere Braunkopfmeise *P. l. hyrcanus* Sarudny et Loudon der Breitlaubwälder des Talysch und Elburs zugerechnet. Die Autoren fanden sie einem bosnischen ♂ von *P. lugubris* sehr ähnlich, auffallend unterschiedlich hingegen, „indem der ganze Bauch und die Unterbrust nicht von weißer Farbe, sondern deutlich rostfarbig ist; die Bauchseiten haben gleichfalls recht deutliche Rostfarbe. Die weißen Ränder auf den Außenfahnen der kleinen Schwingen sind schwächer entwickelt" (l. c.). VAURIE (1959) hebt das vergleichsweise „wärmere, reichere" Braun der Kappe hervor. LOSKOT (1978) vertritt nachdrücklich den Artrang dieser Form und stützt dies durch morphologische (z. B. aufgelockerter Kehlschildrand, Proportionen) und bionomische Befunde (abweichender Gesang, Selbstmeißeln der Nisthöhle) sowie topische Abweichungen. ECK (1980 u. mdl.) macht hingegen auf Grund vergleichender Studien an *Poecile* geltend, daß sich die für den Artrang von *hyrcanus* herangezogenen Kriterien in das bei den Graumeisen vorgefundene Spektrum intraspezifischer Umbildung zwanglos einfügen. Er schlußfolgert aus seinen Befunden, daß neben *hyrcanus* auch der chinesische *P. davidi* mit *P. lugubris* konspezifisch ist.

Zur Verbreitung

Die Art ist westpaläarktisch, vermutlich nur im gemäßigten und mediterranen Gürtel sowie in Gebirgszonen verbreitet. Die Juli-Isothermen von 23 °C und 30 °C begrenzen etwa das Vorkommen. Stellenweise überlappt sich ihr Areal mit denen von *P. montanus* und *P. palustris*. LÖHRL (1966) hält es für möglich, daß das gegenwärtige beschränkte Verbreitungsgebiet der Art refugialen Charakter hat und auf Bruthöhlenkonkurrenz mit *P. major* zurückgeht, deren Abundanz größer ist als die aller Graumeisen. So könnte sie in nördlicheren Gebieten im Wettbewerb mit der Kohlmeise durchaus unterlegen sein. „Anders wäre es kaum verständlich, daß sich ausgerechnet im begünstigten Klima des Mittelmeerraumes, wo kaum jemals Schnee die Nahrungssuche erschwert, ein so auffallender Sammeltrieb entwickelt haben sollte. Auch die Vorliebe für Sämereien paßt nicht eigentlich in diesen Raum . . . in den mediterranen und kleinasiatischen Reliktwäldern, wo *P. lugubris* lebt . . . kommt *P. major* . . . nur sehr spärlich vor; sie bevorzugt in diesen Gebieten dichtere, üppigere Baumgruppen und Wälder, die *P. lugubris* meidet" (l. c.).

Literarische und Nachforschungen per ausgebreiteter Korrespondenz erbrachten rd. 250 Fundorte, in faktisch allen Jahreszeiten gewonnen. Unsere Grenzziehung verdeutlicht Unsicherheiten, die aber wohl mehr durch bisheriges ornithotouristisches Nichtberühren jener Gegenden hervorgerufen worden sind. Die zuverlässige Kenntnis der Habitatpräferenz der Art gestattet, Arealgrenzen von hoher Wahrscheinlichkeit korreliert mit dem physischen Relief zu ziehen.

KUMERLOEVE (1961, 1970) konstatiert für Kleinasien verstärktes Auftreten innerhalb des mediterranen Bereichs in Westanatolien. „Wie weit *P. lugubris* in Nordanatolien heimisch ist, kann derzeit kaum umrissen werden . . . Ganz unzureichend sind auch Angaben aus Inneranatolien . . ." (l. c. 1961), desgl. aus der Osttürkei (KUMERLOEVE 1970). NIETHAMMER (1943): ,,Nistet sehr verstreut und in geringer Zahl auf dem ganzen Peloponnes" (l. c.).

Im östlichen Rumänien erweitert *P. lugubris* sein Areal (CĂTUNEANU 1975); insofern steht sein Erscheinen in angrenzenden Räumen der Moldauischen SSR zu erwarten.

Als Obergrenze der Brutverbreitung werden angegeben: 1450 m im Vitoscha-Gebirge (DONTSCHEW 1961), 2300 m im Taurus (HOLLOM 1955), 1800 m im Megrin-Gebirge, 2400 m im Zagros (WITHERBY 1903) und 2000 m im Dshemalbarez (ÉRARD u. ETCHÉCOPAR 1970).

Spezialkarte der Verbreitung bei MATVEJEW 1950 (Jugoslawien), CĂTUNEANU 1975 (Rumänien).

Oekologie und Biologie

Die Trauermeise bewohnt überwiegend trockene lichte Bergwälder mediterraner und submediterraner Prägung, brütet aber in Europa und im westlichen Kleinasien auch im Flachland. Sie ist kein wirklicher Waldvogel, meidet gewöhnlich geschlossenen kompakten Bestand und zieht parkartig aufgelockerten und schütteren Wald vor. Infolgedessen kann man ihr öfter an niedrig und höher gelegenen Waldgrenzen begegnen, in Waldrandnähe und auf sanften Hängen, speziell dort, wo einzeln stehende Bäume oder Baumgruppen von Buschkomplexen umgeben sind und an weite Blößen und Kahlschläge grenzen.

Im westlichen (europäischen) Arealteil stehen vergleichsweise mannigfaltigere Habitate zur Verfügung. So brütet sie hier hauptsächlich in Laubwäldern unterer und mittlerer Höhenlagen, vor allem Eichenwäldern (bes. mit vorherrschender *Quercus pubescens*, weniger *Qu. sessiliflora*, *Qu. cerris* usw.), gewöhnlich mit beigemengten wilden Obstbäumen (*Pyrus amygdaliformis*, *P. communis*, *P. malus*, *Prunus avium*, *P. spinosa*, *P. divaricata* u. a.), sogar Wacholdern (*Juniperus oxycedrus*), strauchwüchsigem *Acer tataricum*, Perückenstrauch (*Cotinus coggigra*), Weißdorn (*Crataegus monogyna*) und Christusdorn (*Paliurus aculeatus*) in der Strauchschicht. Seltener trifft man den Vogel in feuchten Hainbuchen- und Buchengesellschaften, ziemlich regelmäßig jedoch in Buchenformationen an, die sich an Stellen massierten Auftretens sommergrüner Wälder in der Zone submediterranen kontinental getönten Klimas finden. In Griechenland sowie angrenzenden Bereichen Albaniens und Jugoslawiens wurde Brüten sogar in trockenen Schwarzkiefernwäldern (*Pinus nigra*), Olivenhainen und diversen Strauchassoziationen (Macchie, Pseudomacchie, Phrygana), besonders mit dominierender Kermeseiche (*Qu. coccifera*), festgestellt.

In Flußtälern und Ebenen begegnet man ihr regulär in Obstgärten und an lebenden Einfriedungen von Feldern und Weingärten, wo hohle Bäume sie anziehen (meist Birken, Platanen, Weiden, Ulmen, Maulbeeren).

NIETHAMMER (1943) charakterisiert für den Peloponnes offenes Gelände oberhalb der Tannenwaldgrenze (*Abies cephalonica*), ab 700 m bis höchstens 2000 m, als Lebensraum: von Steinwällen und Kermeseichengestrüpp begrenzte und oft terrassenartig angelegte Getreidefelder mit einzelnen wilden Birnenbäumen, in denen sich offenbar die Bruthöhlen befanden. STEINFATT (1954) entdeckte in der ,,Parnesheide" in Attika ein Nest 2,50 m hoch in der spaltartigen Höhle eines knorrigen solitären Olivenbaumes. Die nächsten Bäume (einzelne Kiefern u. Feigen) standen ca. 200 m entfernt. ,,Die Phrygana ringsum hat nur wenige größere (1 m hohe) Sträucher von Pistacea und Kermeseiche. Sie ist sonst sehr lückig und niedrig. Auch an diesem Wohngebiet zeigt sich wieder, daß die Trauermeise kein eigentlicher Waldvogel ist, sondern ein Vogel der Parklandschaft" (l. c.). Als Wohnnachbarn nennt der Autor Kappenammer und Rostbartammer (*Emberiza melanocephala* u. *E. caesia*), Rotkopfwürger (*Lanius senator*), Kurzzehenlerche und Heidelerche (*Calandrella brachydactyla* u. *Lullula arborea*), Brachpieper (*Anthus campestris*), Samtkopf- und Orpheusgrasmücke (*Sylvia melanocephala* u. *S. hortensis*).

JANCSÓ (fide v. PÉTENYI 1905) fand die meisten bei Nagy-Apold (Siebenbürgen) in Wildapfel- und Holzbirnenwäldchen. RUCNER und OBRATIL (1973) heben für den äußersten Südosten Bosniens (längs der Grenzen von Montenegro u. Herzegowina) hervor, daß die submediterrane Vegetation, die durch das Vorkommen der orientalischen Hainbuche (*Carpinus orientalis*) in ziemlicher Anzahl vertreten wird, dorthin auch 2 mediterrane Arten führt, *Emberiza cirlus* und *Parus lugubris*.

In Kleinasien besetzt *P. l. anatoliae* ähnliche Habitate, vor allem Laubwälder in Montanlagen (teils mit *Quercus libani*), gelegentlich Kiefernwaldungen (VADER 1965), darunter *Pinus nigra*-Bestände (WARNCKE 1968), Gebüschkomplexe mit Gärten in der Nähe der Bergdörfer, in der Westtürkei auch von Tabakplantagen (KUMERLOEVE 1961). Dieser vermerkt: ,,Ähnlich *Parus ater* ist auch die Trauermeise etwa von 600 m an, d. h. im mäßig und im uneingeschränkt winterharten Trockenwald bis zur Baumgrenze heimisch, nur daß das Schwergewicht ihrer Verbreitung in der unteren Hälfte der Waldzone liegt. Demgemäß ist die Art auch in Gärten und im Gebüsch unweit der Bergsiedlungen nicht selten . . . In höheren Lagen bevorzugt sie Waldränder, Einschlagstellen u. ä., öfter in Nachbarschaft der Zippammer. Ich fand sie im Bergvorland um Haruniye in den relativ hohen und mittleren Zonen, sofern die Macchie nicht zu sehr entwickelt war. In den Talwannen und an niederen Hängen traf ich sie ebensowenig wie im eigentlichen Küstengebiet" (l. c.).

Im Libanon in Zederngehölzen (TRISTRAM 1866), im südlichen Transkaukasien in schütteren Wacholderformationen (vorherrschend *Juniperus excelsa polycarpos*) gefunden worden, außerhalb lediglich in Strauchaufwuchs mit anteiliger *Quercus araxina*; in den Gärten der Ansiedlungen brütet sie mit Sicherheit nicht (LEONOWITSCH et al. 1970, LOSKOT).

Im Zagros ist *P. l. dubius* nur für den Gürtel lichter Eichenwälder mit dominierender *Qu. persica* und gut ausgebildeter Strauchschicht gemeldet worden (BLANFORD 1876, WITHERBY 1903, 1907, PALUDAN 1938). Ebensolche Lebensstätten hat *P. l. kirmanensis* inne (ÉRARD u. ETCHÉCOPAR 1970).

P. lugubris scheint wenig kopfstark zu sein. Dies erweist sich beim Vergleich mit *P. major* und *P. caeruleus*, die nicht selten homologe Habitate besiedeln. Evtl. gründet sich diese Differenz auf die unterschiedliche Größe der Brutreviere. Bei *Poecile*-Angehörigen dürfte die Reviergröße stets bedeutender sein als bei den *Parus*-Arten (analytisches Material dazu bei LÖHRL 1966). Die Durchmesser von 4 Revieren im Flaumeichenwald bei Omiš (Mitteldalmatien) reichten von 300—400 m (7—12 ha). Ein unverpaartes ♂ hielt ein Teilrevier von 9 ha besetzt. LOSKOT ermittelte in Wacholdergehölzen des südlichen Transkaukasiens *P. l. anatoliae*-Brutreviere von 2,8—5,7 ha. Auf 3 km Marschroute begegnet man gewöhnlich nicht mehr als 2 Paaren, an Stellen größter Dichte sind 4 singende ♂♂ protokolliert worden (LEONOWITSCH et al. 1970) — annähernd 25 bis 30 ha pro Revier — LOSKOT).

Die Brutdaten schwanken um anderthalb Monate. In Griechenland werden Nester mitunter schon Ende Februar gebaut — am 5. 3. ♀ mit legereifem Ei gesammelt (REISER 1905). Im überwiegenden Teil des Areals jedoch hebt die Fortpflanzungsperiode im März an, am Nordwestrand in der 1. Aprilhälfte. Entsprechend wurde das Ausfliegen der ersten Bruten ab der letzten April-Dekade bis Anfang Juni wahrgenommen. In Europa zeitigt die Art ab 2. Maihälfte bis Juni relativ oft Zweitgelege, auch Spätbruten sind Anfang August angetroffen worden. Für den asiatischen Arealanteil sind gleichsinnige Angaben nicht verfügbar; offensichtlich machen die meisten Trauermeisen hier nur eine Jahresbrut.

Zu Nisthöhlenwahl und -beschaffenheit, Nestgröße und -material, Gelegegröße und -farbmuster. Verhalten. Nahrungssuche und -spektrum im Freien und von gekäfigten Stücken u. a. m. haben besonders LÖHRL (1966), CĂTUNEANU (1975) und LOSKOT (1978) wesentliche Beiträge geliefert — vgl. detailliert dort.

Wanderungen

Standvogel. Winters vollführen die ad., hin und wieder in gemischten Flügen (siehe bei GENGLER 1920), Streifereien, für juv. sind im ersten Herbst und Winter recht ausgedehnte charakteristisch. Es ist nicht auszuschließen, daß solches Nomadisieren mitunter eine Arealausweitung vortäuscht. Dies könnte die Fundorte 1—3 auf unserer Karte betreffen. In bezug auf GIGLIONIS Exemplar von Nice (Nizza), Februar 1878, fide GURNEY 1901, ist Skepsis angezeigt.

X

1982

Saxicola insignis Gray

bearbeitet von

I. A. NEUFELDT und E. v. VIETINGHOFF-SCHEEL

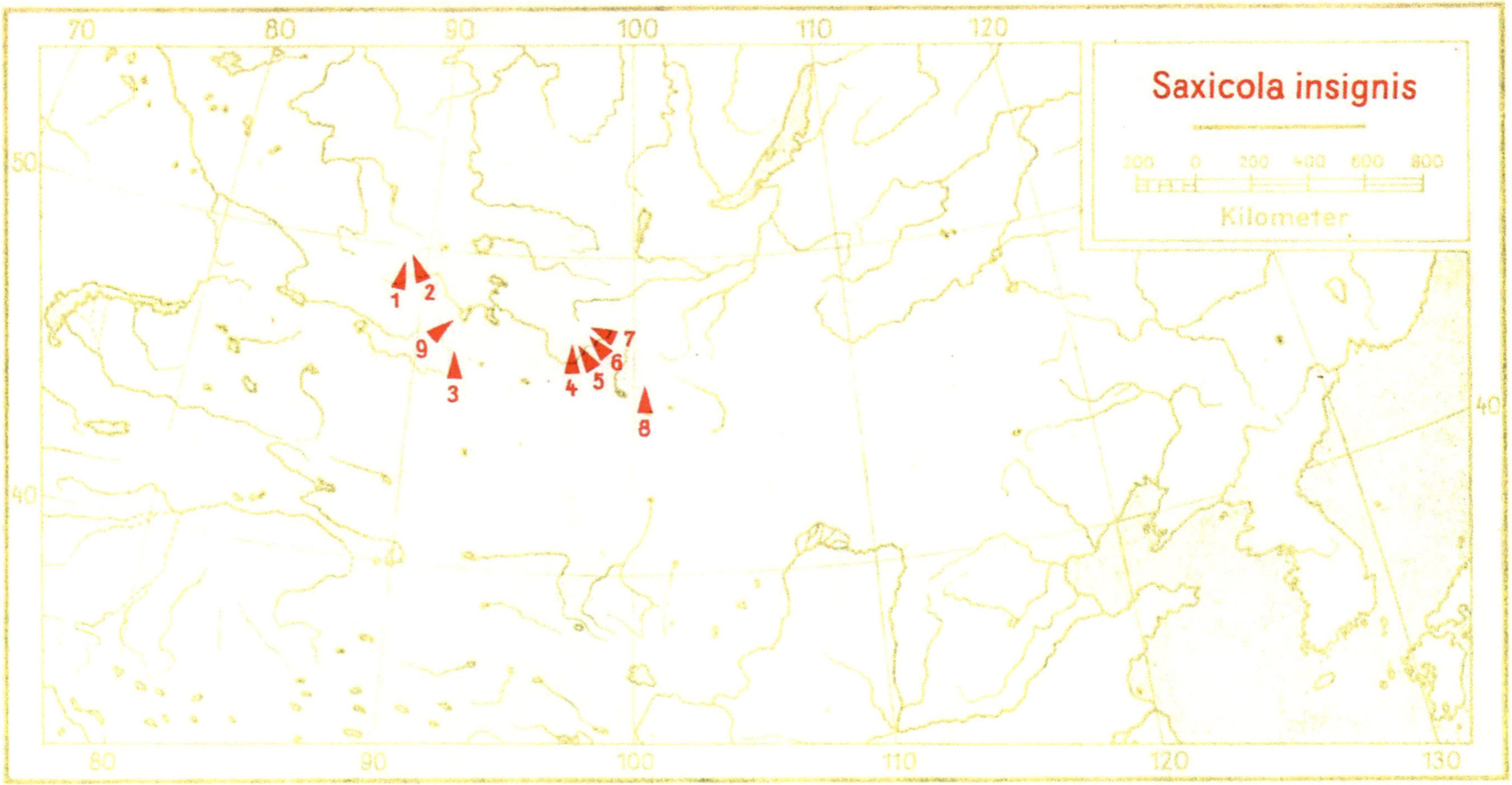
Saxicola insignis
200 0 200 400 600 800
Kilometer
70
80
90
100
110
120
130
50
40
1
2
3
4
5
6
7
8
9

FUNDORTLISTE

Fundort	Nachweis	Quelle
1. Oberlauf des Sary-Dshamata (im Becken des Ujguryn-Gol-Oberlaufs), Südhang des Sajlugem	AJs	SUSHKIN 1938
2. S Taschanta (nördliche Vorberge des Sajlugem)	ABNJs	PANOW 1974
	As	NEUFELDT (unveröffentl.)
3. Nordfuß des Munch-Chajrchan-Ula	AJ	KISTSCHINSKIJ, FOMIN u. BOLD (brfl. 1980)
— Westteil des Munch-Chajrchan-Ula	A	KISTSCHINSKIJ, FOMIN u. BOLD (brfl. 1980)
4. Naryn-Gol (SW-Changaj; SW der Otgon-Tengri-Berge)	ABc	KOZLOWA 1932
	A	Coll. Zool. Inst. Leningrad
5. Oberlauf des Bogdoin-gol (SW-Changaj, S des Otgon-Tengri, im Becken des Bujant-gol)	ABJc	KOZLOVA 1930, KOZLOWA 1932
	A	Coll. Zool. Inst. Leningrad
6. Fluß Bombotu (SW-Changaj; E des Otgon-Tengri, im Becken des Bujant-Gol)	ABNc	KOZLOVA 1930, KOZLOWA 1932
	AJN	Coll. Zool. Inst. Leningrad
7. Bujant-Gol, Oberlauf des Czapchan (SW-Changaj; NE von Uljasutaj)	A	Coll. Zool. Inst. Leningrad
8. Lamen-gegen (E-Changaj, Oberlauf des Tujn-Gol b. 46° 20′ N/101° E)	J	Coll. Zool. Inst. Leningrad
9. 40 km S Kobdo (17. VIII.)	A	KISTSCHINSKIJ, FOMIN u. BOLD (brfl. 1980)

LITERATUR

ALI u. RIPLEY 1973 — Birds India and Pakistan. Bombay-London-New York. 9, 24–25.

KOZLOVA 1930 — Compt. Rend. Acad. Sci. URSS 7, 175–178.

KOZLOWA 1932 — Trudy mongolsk. Komiss. 3, 79.

PANOW 1974 — Mat. VI. Wsesojuz. orn. Konf. Moskwa. 2, 101–102.

PANOW 1976 — Trudy Oksk. gos. zapow. 13, 205–211.

SCHÄFER 1938 — J. Orn. 86 (SH.), 214.

SUSHKIN 1938 — Birds Soviet Altai. Moscow-Leningrad. 2, 202.

VAURIE 1972 — Tibet and its Birds. London. 280.

Briefliche Auskunft erteilten: A. A. KISTSCHINSKIJ, W. E. FOMIN, A. BOLD (Mongolei).

Saxicola insignis Gray

Felskehlchen

Verwandtschaft

Der nächste Verwandte dieser monotypischen Art ist *Saxicola torquata* (L.), von der sie sich in einigen Details der Gefiederfärbung und besonders durch die Größe gut unterscheidet.

Zur Verbreitung

Seltene Art mit sehr beschränktem und anscheinend noch nicht endgültig geklärtem Areal. Am vorhandenen Material kann man mit Bestimmtheit feststellen, daß in der Vergangenheit und Gegenwart eine hinreichende Anzahl regelmäßig in einigen Hochgebirgsgebieten der Mongolei brütet. Im Südwestteil des Changaj, nahe der Otgon-Tengri-Berge, brüteten 1929 diese Vögel sehr häufig. „Auf diese Weise kann man sagen, daß im Hochgebirge des Changai jedenfalls eine große Brutkolonie der *Pratincola insignis* vorhanden ist“ (KOZLOVA 1930). Im Mongolischen Altai, im Munch-Chajrchan-Ula, wurde *Saxicola insignis* unlängst häufig gefunden (KISTSCHINSKIJ, FOMIN u. BOLD briefl. 1980). Eine lokale und sehr geringe Ansiedlung (4 Brutpaare) wurde 1970 auf dem Territorium der UdSSR im SE-Altai bei Taschanta, in den nördlichen Vorbergen des Sajlugem-Gebirges gelegen, entdeckt (PANOW 1974). Bereits 10–15 km nördlicher, aber auch westlicher und südlicher davon, wurde diese *Saxicola* weder 1970 noch 1971 gefunden; anscheinend war sie dort auch früher nicht vorhanden, da keiner der Ornithologen sie im Gebiet von Taschanta beobachtete. 1974 wurde dann nach langem Suchen an gleicher Stelle nur ein Männchen entdeckt, das vielleicht aus einem Paar stammte (NEUFELDT unveröffentl.). LOSKOT fand 1977, obwohl er speziell danach suchte, in der Umgebung von Taschanta kein einziges Exemplar. Diese Beobachtungen lassen darauf schließen, daß am Rand der Tschujsker Steppe, in den Vorgebirgen des Sajlugem, die zahlenmäßig gering vorhandene *Saxicola insignis* nicht in jedem Jahr und nur an einer Stelle brütet. Nicht auszuschließen ist jedenfalls, daß diese Population überhaupt zu existieren aufhört. Das Vorhandensein einer größeren Ansiedlung auch auf der mongolischen (südlichen) Seite des Sajlugem, wo am 13. 8. 1914 ein junges Exemplar erlegt wurde, das die Mauser des Nestgefieders beendet hatte (SUSHKIN 1938), dürfte kaum zu erwarten sein.

Oekologie

Die weit voneinander entfernt liegenden Vorkommen erfordern die Beschreibung dreier Brutbiotope. Im Changaj und Mongolischen Altai existiert die Art anscheinend in für sie charakteristischen (optimalen) Bedingungen, während sie im Sajlugem nahe am Verschwinden ist. Alle Biotope ähneln sich physiognomisch; sie sind wüstenhafte Plateaus von subalpinem, teils alpinem Charakter und fallen ab bis in Höhen von 2100—2900 m, wo dürftiger Strauch- und Graswuchs mit anstehendem Felsen vorherrscht.

Im Changaj sind die Aufenthaltsorte recht gut umgrenzt; es handelt sich um subalpine Wiesenzonen in 2430—2600 m Meereshöhe. „Unbedingt notwendig für einen Brutplatz sind schluchtenreiche Gegenden in der Nähe von Gebirgsbächen mit zutage tretenden Felsmassen oder zerstreuten Felsblöcken. Der Vogel hält sich hauptsächlich auf Felsen oder auf den Spitzen strauchförmiger Weiden (*Salix arbuscula*) und Polarbirken (*Betula exilis*) auf. Im unteren Abschnitt seines Verbreitungsgebietes teilt dieser Wiesenschmätzer seinen Aufenthaltsort mit *Acanthis flavirostris altaica*, *Petronia petronia mongolica* und *Monticola saxatilis turkestanica*, höher wohnt er in der Nachbarschaft mit *Accentor himalayanus*, *Cyanosylvia svecica* und *Lagopus lagopus brevirostris*" (Kozlova 1930). Im Mongolischen Altai sind es steinige Flächen mit Felsen und kleinwüchsigem, lichtem Gesträuch bei 2600—2900 m (Kischtschinskij, Fomin u. Bold briefl. 1980).

Im Sajlugem sind es 1. die nördlichen Vorberge des Sajlugem, bei Taschanta, 2100 m über dem Meeresspiegel. Hügeliges, halb wüstenhaftes Plateau mit dürftigem Grasbewuchs und einzelnen Sträuchern. An Abhängen und auf Gipfeln ebener Hügel von Urgestein. Diese Gebiete unterscheiden sich von der benachbarten Tschujsker Steppe einzig darin, daß die Schluchten weniger tief sind, in deren Wänden diese *Saxicola* brütet (Panow 1976). — 2. Der südliche Hang des Gebirges, im alpinen Bereich bei 2500 m Höhe (Sushkin 1938). Über die Nester im Changaj schrieb Kozlova (1930): „... brütet gewöhnlich in mehreren Paaren zusammen, und man kann oft 2—3 Männchen gleichzeitig singen hören." Im Sajlugem, bei Taschanta, bildeten einige (4) dort brütende Paare eine lokale Ansiedlung; der Abstand zwischen 2 Nestern war 1970 nicht größer als 300 m (Panow 1976).

Das von Kozlova im Changaj gefundene Nest war tief in Felsspalten gebaut und schwer zugänglich; bei Taschanta befanden sich die Nester in Erdnischen an Schluchtwänden unter überhängendem Rasen, ähnlich dem von *Saxicola torquata* (Panow 1974). Material und Konstruktion aller beschriebenen Nester sind sich sehr ähnlich. Im Sajlugem fand Panow (l. c.) ein Nest von massivem Bau und aus trockenen Gräsern, in der Nestmulde viel Wolle, Federn, wenig trockenes Moos. Aus dem Changaj berichtet Kozlova (1930): „Das Nest war sehr sorgfältig aus trockenen Gräsern mit einiger Beimischung von Moos erbaut, die Mulde aus einförmigen, sehr dünnen Grasstengeln angefertigt und mit Wolle ausgelegt."

Die Brut findet im gesamten Areal zur gleichen Zeit statt. Die Mehrzahl beginnt anscheinend Anfang Juni mit der Eiablage. Im Changaj verließen die Jungen bereits am 27. 6. 1929 das Nest (Kozlova 1930). In den nördlichen Vorbergen des Sajlugem hatten die Jungen am 27. und 28. 6. 1970 einen Tag vorher das Nest verlassen oder waren am 28. 6. 1971 unlängst ausgeflogen (Panow 1974). Ein Teil der Vögel brütet etwas später; im Sajlugem enthielten am 28. 6. 1971 zwei Nester ungefähr 8 Tage alte Junge (Panow 1974); ein Nest vom Changaj hatte am 24. 6. 1929 noch völlig unbebrütete Eier (Kozlova 1930); im Mongolischen Altai vom 15.—18. 7. eine Brut, bei der die Eltern noch die Jungen fütterten (Kistschinskij, Fomin u. Bold briefl. 1980).

Das Vollgelege besteht aus 4—5 Eiern (Panow 1974). — „Das Gelege enthielt 5 Eier, die auf grünbläulichem Grunde mit kleinen ockerbräunlichen Punkten und Strichen gezeichnet waren, am stumpfen Ende am dichtesten. Ihre Dimensionen sind 20,8—21,0 × 15,9—16,0 mm".

Wanderungen

Saxicola insignis ist Zugvogel. Sie überwintert am Fuß des Himalaya (im Terai Nepals und Sikkims) und in den Ebenen des nördlichen Indien, hauptsächlich in der Ebene des Ganges (von Ambala im Westen bis Dshalpajguri in Nord-Bengalen nach Osten); zieht im Oktober in die Winterquartiere (die ersten wurden am 27. 10. bemerkt), und im März bis Anfang April (die letzten stammen vom 10. April) erfolgt der Rückflug in die Brutgebiete (Ali u. Ripley 1973).

Auf dem Zug wurde die Art in mehreren chinesischen Provinzen beobachtet: In Ninsia (Alaschan) bei Bajan-choto (= Dynjuanin) zwischen dem 24. 8. und 2. 9. 1880 völlig vermauserte, im ersten Winterkleid befindliche junge Exemplare von Przewalski erlegt (Coll. Zool. Inst. Leningrad); zwischen dem 19. und 25. 4. am Oberlauf des Jalung, NE Tschendo, in 4600 m Höhe beobachtet (= Lager 79, 80; Schäfer 1938); in der benachbarten Provinz Sikang am 2. 5. bei Drechu Gompa vermerkt (fide Vaurie 1972).

In der Coll. Zool. Inst. Leningrad befindet sich ein Belegexemplar, das, nach dem Gefieder zu schließen, ein erwachsenes Männchen vom Frühjahr ist. Auf seinem Museums- (nicht Original-) Etikett ist der Saisan-nor eingetragen. Falls es wirklich von dort stammen sollte, handelt es sich wahrscheinlich um einen zufälligen Fund, obwohl Sushkin (1938) nicht ausschließt, daß Durchzügler in der erwähnten Region vorkommen könnten. Sushkin verweist auf Chachlow, der einst im Frühjahr ein Paar *Saxicola insignis* auf dem Zug am Saisan-nor gesehen haben will. Es besteht durchaus die Möglichkeit, daß in Zukunft neue Brutplätze entdeckt werden können, z. B. im benachbarten Mongolischen Altai, die die Herkunft des ungewöhnlichen Fundes aufklären könnten.

Phoenicurus frontalis (Vigors)

bearbeitet von

E. v. VIETINGHOFF-SCHEEL

aber überwiegend Pflanzliches, wie Beeren, Blattstückchen und Kerne (DIESSELHORST 1968). In den Wintermonaten ernähren sich die Vögel ausschließlich von pflanzlicher Kost. So waren in den Mägen zweier geschossener Exemplare von Anfang Januar aus Gangfang (Nord-Burma) *Viburnum*-Beeren und anscheinend Samen von *Photinia* enthalten (STANFORD u. MAYR 1941).

Wie schon erwähnt, sind die Alpenrotschwänze recht scheue Vögel, die auch als Paare in ihren Brutrevieren mit großer Distanz voneinander siedeln. Ihren Gesang findet WEIGOLD (KLEINSCHMIDT 1923) nicht sehr rotschwanzartig, er sei schlecht, abgerissen und ähnele dem vom Baumpieper, sein Schickern erinnere an das des Zaunkönigs; DIESSELHORST (1968) hingegen bezeichnet den Gesang als phoenicuroid mit pfeifenden und harten, quetschenden Lauten. Mitunter vernimmt man auch ein „trauriges“ *swe-up, swe-up* (BATES u. LOWTHER 1952).

Wanderungen

Wie die meisten seiner Verwandten ist *Phoenicurus frontalis* kein echter Zugvogel; während seiner winterlichen Streifereien bewegt er sich nur mit wenigen Ausnahmen weit über sein Brutgebiet hinaus. Erwähnenswert sind dafür folgende Funde: Chapa (Tonkin) vom 12. und 13. Februar (BANGS u. VAN TYNE 1931), Puan-ting (Kweichou) vom 29. Januar (GRANT 1900), Suiyang (S Jangtsekiang) vom März (STYAN 1899), Tschungking vom 28. November, 4 Exemplare (SCHÄFER 1938), zwischen Ichang und Tschungking, Exemplare im Herbstgefieder (STYAN 1894). Vermutlich sind die Brutplätze dieser Wanderer in südwestlicher Richtung, Süd-Yunnan und Szetschuan, zu suchen.

Flußtäler, Schluchten, auch Teeplantagen und Anbauterrassen wie in Darjeeling, sind zur Winterszeit die meist besuchten Orte. In Nord-Burma hielt sich eine bemerkenswerte Anzahl der Alpenrotschwänze zwischen dem 16. und 23. November an Wegrändern auf, besonders aber in den von ihnen im Winter bevorzugten Gebüschen von *Homonoia* und *Salix* entlang von Flußläufen (STANFORD u. MAYR 1941). Plötzlich einsetzende Schneestürme, verbunden mit großer Kälte, sind oftmals auch ein Grund für die Abwanderung aus den Hochgebirgen in geschütztere tiefliegendere Gebiete, z. B. in Ganssu (BIANCHI 1907).

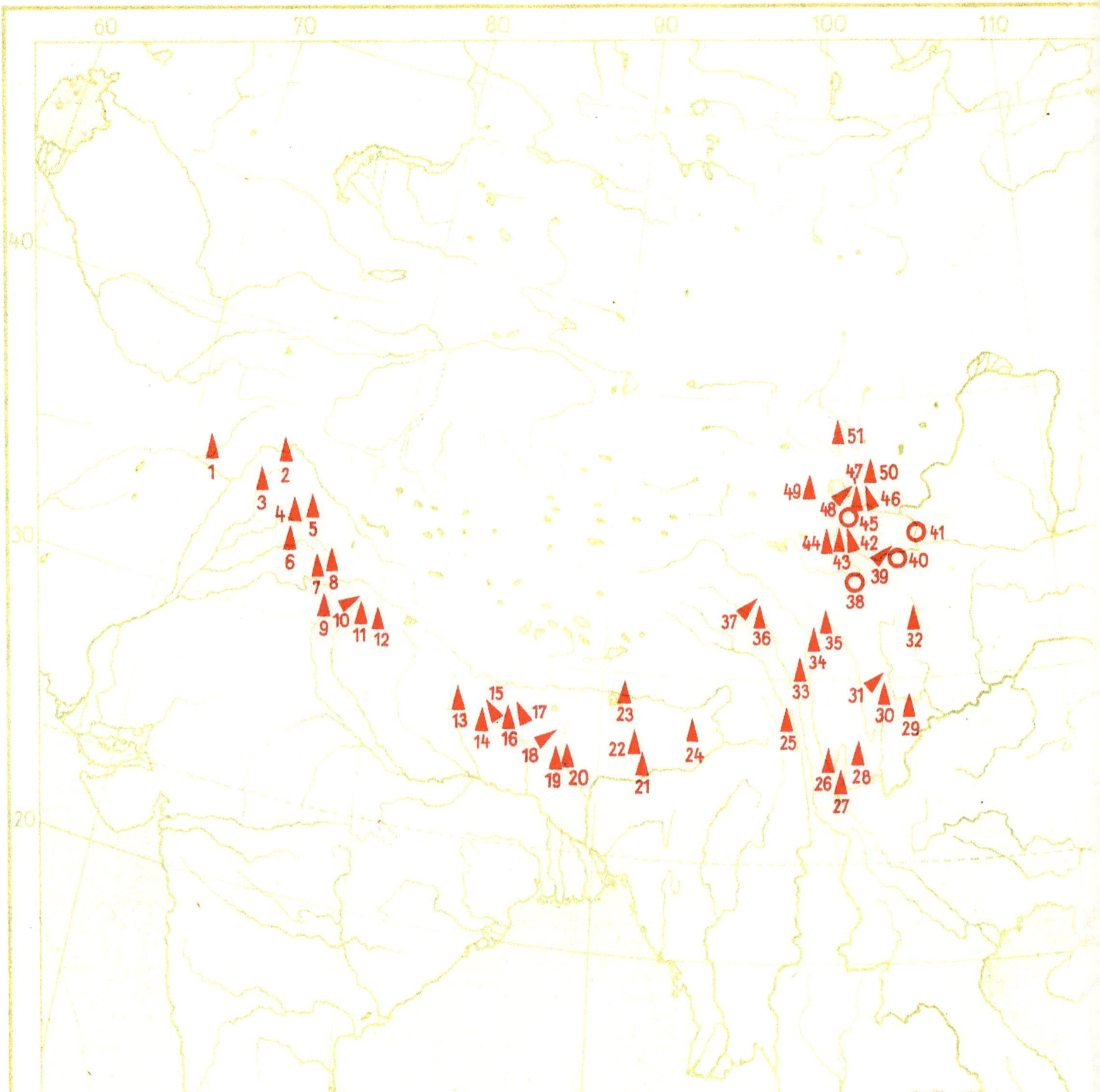
60
70
80
90
100
110
40
30
20
80
90
100
1
2
3
4
5
6
7
8
9
10
11
12
13
14
15
16
17
18
19
20
21
22
23
24
25
26
27
28
29
30
31
32
33
34
35
36
37
38
39
40
41
42
43
44
45
46
47
48
49
50
51

FUNDORTLISTE

Nr.	Fundort		Quelle
1.	Pashki	As	Paludan 1959
2.	Gilgit	A	Biddulph 1881, Scully 1881
3.	Kághàn-Tal	Ac	Whitehead 1909
		AJNc	Whitehead 1914
4.	Lidar-Tal	N	Osmaston 1927
5.	Wan kadal	A	Osmaston 1926
6.	Chamba	A	Marshall 1884
7.	Duala Dhar: Kareri-See	BNc	Whistler 1926
8.	Koksar	A	Whistler 1925
—	Rhotang-Paß	B ?	Whistler 1925
—	Gondla	A	Whistler 1925
—	Jispar	A	Whistler 1925
9.	Fagoo (25.–31. X.)	A	Whistler 1919
10.	Derali	Ac	Brooks 1875
—	Nila-Tal (Gharwal)	N	Whymper 1911
11.	Gangaotri	A	Brooks 1875
12.	Niti-Tal	Na	Whymper 1910
13.	Jargeng-Khola	Ac	Lowndes 1955
—	Manangbhot	Ac	Lowndes 1955
14.	Gosaikund (N Kathmandu)	A	Desfayes 1965
15.	Langtang-Tal	A	Polunin 1955
16.	Ting Sang La	A	Diesselhorst 1968
—	Bigu	A	Diesselhorst 1968
17.	Gokyo	AJ	Diesselhorst 1968
—	Khumjung	AJ	Diesselhorst 1968
—	Lobuche	A	Diesselhorst 1968
—	Chukhung	AJ	Diesselhorst 1968
18.	Gyaokong	J	Schäfer (unveröffentl.)
—	Tangu	J	Schäfer (unveröffentl.)
—	Lachen	J	Schäfer (unveröffentl.)
19.	Chumbi-Tal	A	Ludlow 1927, 1928
20.	Changu	A	Ludlow u. Kinnear 1937
—	Chumpithing	A	Ludlow u. Kinnear 1937
—	Sharithang	A	Ludlow u. Kinnear 1937
—	Ha	A	Ludlow u. Kinnear 1937
21.	Mago	J	Ludlow u. Kinnear 1937
—	Sakden (22. X.)	A	Ludlow u. Kinnear 1937
22.	Kang La	J	Ludlow u. Kinnear 1937
—	Me La	AJ	Ludlow u. Kinnear 1937
23.	Umgebung von Lhasa:		
	Drepung-Kloster	A	Ludlow 1950
	Trola	A	Ludlow 1950
	Yerpa	A	Ludlow 1950
24.	Yarop (Chikar)	NAa	Ludlow 1944
25.	Yerkalo	A	Oustalet 1903
26.	Tao-mung-chung	A	Greenway 1933
27.	Likiang-Gebirge	A	Riley 1926
28.	Berg Gibboh (S Muli-Kloster)	A	Riley 1931
29.	Waschan	J	Kleinschmidt 1923
30.	Yulong-kong	A	Bangs 1932
—	Shangentze	A	Riley 1931
31.	Tatsienlu	A	Oustalet 1893–94
32.	Sungpan	J	Kleinschmidt 1923
—	Hwanglungsze	A	Kleinschmidt 1923
—	Tungpei (XI.)		Styan 1899
33.	Açar	A	Oustalet 1893–94
34.	Boi (Derge)	A	Kleinschmidt 1923
35.	Bana-dshung (IV.)	A	Bianchi 1907
36.	Ge-tschju (IV.)	A	Bianchi 1907
37.	Jekundo	A	Schäfer u. Meyer de Schauensee 1939
38.	Tebbu-Land: Wantsang Ku, Drakana	A	Bangs u. Peters 1928
39.	Choni	A	Bangs u. Peters 1928

40. Minshan-Gebirge: Berg Koang Kei	AJ	LÖNNBERG 1924, BANGS u. PETERS 1928
41. Berg Lieuhoashan	AJ	BANGS u. PETERS 1928
42. Mudshik-Gebirge		PLESKE 1889
43. Dzomo-Tal	A	BANGS u. PETERS 1928
44. Baga-Gorgi		PLESKE 1889
— Revenny-Gebirge (= Ugutu Ula)		PLESKE 1889
45. Dshachar-Gebirge	A	Coll. Zool. Inst. Leningrad (NEUFELDT brfl. 1979)
46. Tschertynton		PLESKE 1889
— Mantuse	A	STRESEMANN et al. 1937
— Kimar	ANc	STRESEMANN et al. 1937
— Lauhou-kou	Aa	STRESEMANN et al. 1937
— Komandse	Aa	STRESEMANN et al. 1937
— Durgu	Aa	STRESEMANN et al. 1937
47. Alpen um Sining	A	PLESKE 1892
— Tschan-cho	A	PLESKE 1892
— Myn-da-scha	A	PLESKE 1892
48. Paß Chomy-dabanj-schiku (2. IX.)	J	BIANCHI 1915
49. Dulanj-kitj (VIII.)	A	BIANCHI 1907
— Dulanj-Gol (IV.)	A	BIANCHI 1907
50. Sung-schu-dschuang	As	STRESEMANN et al. 1937
51. Matisse	A	PLESKE 1892

LITERATUR

ALI 1962 — Birds Sikkim. Madras. 257.

BANGS 1932 — Field Mus. Nat. Hist. Publ. 314, Zool. Ser., 18/11, 362.

BANGS u. PETERS 1928 — Bull. Mus. Comp. Zool. Harvard 68/7, 351.

BANGS u. VAN TYNE 1931 — Field Mus. Nat. Hist. Publ. 290, Zool. Ser. 18/3, 98.

BATES u. LOWTHER 1952 — Breeding Birds Kashmir. London. 68–70.

BIANCHI 1907 — Aves Exped. Kozlowi Mongol. Tibet. orient. St.-Petersb. 68–69.

BIANCHI 1915 — Ann. Mus. Zool. Petrograd 20, 46.

BIDDULPH 1881 — Ibis (4) 5, 63–64.

BROOKS 1875 — Stray Feathers 3, 239.

DESFAYES 1965 — Ibis 107, 400.

DIESSELHORST 1968 — Khumbu Himal. Innsbruck-München. 2, 300–303.

GRANT 1900 — Ibis (7) 6, 588.

GREENWAY 1933 — Bull. Mus. Comp. Zool. Harvard 74/5, 123.

HARTERT 1918 — Bull. Brit. Orn. Cl. 38, 78.

KLEINSCHMIDT 1923 — Abh. Mus. Tierk. Völkerk. Dresden 16/2, 43.

LACK 1958 — Ibis 100, 152.

LÖNNBERG 1924 — Ibis (11) 6, 316.

LOWNDES 1955 — J. Bombay Nat. Hist. Soc. 53, 31.

LUDLOW 1927 — Ibis (12) 3, 645.

LUDLOW 1928 — Ibis (12) 4, 60.

LUDLOW 1944 — Ibis 86, 182–183.

LUDLOW 1950 — Ibis 92, 37.

LUDLOW u. KINNEAR 1937 — Ibis (14) 1, 269.

MARSHALL 1884 — Ibis (5) 2, 415.

OSMASTON 1926 — J. Bombay Nat. Hist. Soc. 31, 10.

OSMASTON 1927 — J. Bombay Nat. Hist. Soc. 31, 982.

OUSTALET 1893–94 — Nouv. Arch. Mus. Hist. Nat. Paris (5) 4, 159–160.

PALUDAN 1959 — Vidensk. Medd. Dansk. nat. hist. Foren. 122, 191.

POLUNIN 1955 — J. Bombay Nat. Hist. Soc. 53, 891.

PLESKE 1889 — Aves Przewalskianae. St.-Petersb. 2, 64–66.

PLESKE 1892 — Mélang. Biol. Bull. Akad. Sci. St.-Petersb. 13/2, 290.

PRJEVALSKY 1877 — in ROWLEY: Orn. Miscell. London. 2, 174.

RILEY 1926 — Proc. Unit. States Nat. Mus. 70/5, 37.

RILEY 1931 — Proc. Unit. States Nat. Mus. 80/7, 57–58.

ROTHSCHILD 1921 — Novit. Zool. 28, 28.

SCHÄFER 1938 — J. Orn. 86 (SH.), 223.

SCHÄFER u. MEYER DE SCHAUENSEE 1939 — Proc. Acad. Nat. Sci. Philadelphia 90, 221.

SCULLY 1881 — Ibis (4) 5, 446.

STANFORD u. MAYR 1941 — Ibis (14) 5, 221–222.

STRESEMANN et al. 1937 — J. Orn. 85, 558–560.

STYAN 1894 — Ibis (6) 6, 330.

STYAN 1899 — Ibis (7) 5, 293.

VAURIE 1955 — Amer. Mus. Novit. 1731, 16.

WHISTLER 1919 — J. Bombay Nat. Hist. Soc. 26, 773.

WHISTLER 1925 — Ibis (12) 1, 172.

WHISTLER 1926 — Ibis (12) 2, 551–552.

WHITEHEAD 1909 — Ibis (9) 3, 713–714.

WHITEHEAD 1914 — J. Bombay Nat. Hist. Soc. 23, 106.

WHYMPER 1910 — J. Bombay Nat. Hist. Soc. 19, 991.

WHYMPER 1911 — J. Bombay Nat. Hist. Soc. 20, 1158.

Auskunft über Sammlungsexemplare aus dem Zoologischen Institut der Akademie der Wissenschaften der UdSSR gab Dr. I. A. NEUFELDT (Leningrad). Außerdem stand ein unveröffentlichtes Manuskript von Dr. E. SCHÄFER (Schnega) zur Verfügung.

Phoenicurus frontalis (Vigors)

Alpenrotschwanz

Zur Verwandtschaft s. Anm. zu *Phoenicurus hodgsoni*.

Gliederung

Die Art ist monotypisch. Der von HARTERT (1918) beschriebene *Phoenicurus frontalis sinae* aus Mupin und Szetschuan bis Kansu und dem Ala-shan-Gebirge konnte nach Vergleichen VAURIES (1955) nicht aufrecht erhalten werden. *Ph. f. sinae* sollte demnach blasser als die Himalaya-Populationen sein; es zeigte sich aber, daß eine Serie, 1947 und 1948 im Himalaya gesammelt, identisch ist mit dem Material aus China, das den Typus und Cotypus von *sinae* aufweist.

Zur Verbreitung

Aus Afghanistan, dem westlichsten Gebiet der Verbreitung, ist bisher nur ein Fundort bekannt. PALUDAN (1959) schließt aber nicht aus, daß *frontalis* ein seltener Brutvogel in Nuristan sein könnte. Ab Kashmir zieht sich das Verbreitungsgebiet im südöstlich verlaufenden Bogen über den Himalaya, Sikkim, Bhutan, Yunnan, Szetschuan und Kansu nach Norden bis nördlich des Kuku-nor. Somit bewohnt er, wie die meisten seiner Verwandten mit ähnlicher Verbreitung, die hohen Montanregionen, die er zum Winterbeginn verläßt, um mehr oder weniger ausgedehnte Vertikalwanderungen zu unternehmen. Allerdings sind auch Winterfunde bekannt, die nicht in den Grenzen des Brutgebietes liegen oder unmittelbar daran anschließen (s. Kap. ,,Wanderungen").

Oekologie

Als einer der häufigsten Rotschwänze bewohnt *Phoenicurus frontalis* die subalpinen und alpinen Regionen seines Verbreitungsgebietes. In seinen Biotopansprüchen ähnelt er in gewissen Zügen *Ph. caeruleocephalus*, indem er sich bevorzugt dort ansiedelt, wo die Landschaft durchsetzt ist mit Felsen und Steinbrocken, wo Steilwände oder steinreiches Gelände mit Wacholdergebüsch, Birken (Kashmir; BATES u. LOWTHER 1952), Fichten und Tannen (Choni, Lieuhoashan; BANGS u. PETERS 1928) vorherrschen. Bei Duala Dhar (P. 7) leben die Rotschwänze recht einseitig ausgerichtet in Rhododendron-Gestrüpp, jenseits der Baumgrenze aber auf felsigen und grasbedeckten Hängen (WHISTLER 1926). In Sikkim wurden sie auch auf Yak-Weiden und Steinmoränen nahe an oder über der Baumgrenze beobachtet (ALI 1962). Die Vertikalgrenze der Verbreitung liegt in den Sommermonaten durchschnittlich zwischen 4000 und 5000 m; bei Lobuche (Nepal) erreichten die Vögel in 5200 m offenbar ihre größte Höhe (DIESSELHORST 1968); aus Sikkim liegen Angaben von 3900 m und 4750 m (SCHÄFER unveröffentl.) vor, aus Szetschuan 3800–4700 m (KLEINSCHMIDT 1923), vom Likiang-Gebirge ca. 3200–4900 m (RILEY 1926), aus Kashmir ca. 4600 m (BATES u. LOWTHER 1952). Die Alpenrotschwänze leben ausgesprochen scheu und meiden die Nähe des Menschen. Besonders zur Brutzeit verstärkt sich dieses Verhalten, so daß es dann oft schwierig ist, die Nester zu finden. Gut versteckt liegen diese zwischen Steinen oder tiefen Einschnitten in Felsblöcken, unter Stämmen, in Baumstümpfen oder Erdhöhlen, unter kleinen Sträuchern und Grasbüscheln. Untypisch ist ein Nest vom 30. Mai, das in einer abgestorbenen Konifere 7,50 m vom Boden entfernt in einer Höhle lag (Bhutan; LUDLOW u. KINNEAR 1937).

Die Nester können aus unterschiedlichen Materialien gebaut sein. Sie bestehen entweder aus einem Polster von trokkenem Moos auf einer Grundlage aus grobem Gras, alles verbunden mit Haaren oder dünnen Wurzeln nebst einigen Federn, oder sie gleichen einem weiten Napf aus grünem Moos, ausgepolstert mit Federn und Haaren. Von der üblichen Bauweise auffallend abweichende Nestgebilde fand BEICK (STRESEMANN et al. 1937); sie waren ganz aus Moos gebaut und bildeten einen ordentlichen, ziemlich fest gefügten Napf, der an das Nest der Prunellen erinnerte. Das Innere bestand aus feinem gelbgrünem, fast haarartigem Moos mit einigen weißen Pflanzenfäden vermischt. Die Maße eines Nestes: Durchmesser 11,5 cm, Höhe 7,5 cm, Durchmesser der Mulde 7 cm, ihre Tiefe 5 cm.

Ein Vollgelege besteht aus 3–4 Eiern. Über die Eifarbe vermerkt LACK (1958): ,,. . . in these two species (gemeint sind *Ph. caeruleocephalus* und *frontalis*) the whitish eggs are so closely freckled with reddish brown that they often appear buff."

Die Brutzeit beginnt in der ersten Mai-Dekade und endet im Juli. Am 10. Mai fand PRZEWALSKI ein Nest aus Moos, Bast und Federn, das bereits vier frische Eier enthielt (PLESKE 1889). Zweitbruten scheinen mitunter vorzukommen, da DIESSELHORST (1968) noch am 26. Juli bei Gokyo in 4900 m Höhe (Nepal) ein Nest mit Jungen, die kurz vor dem Ausfliegen waren, gefunden hat. Ein etwa 20 Tage alter Jungvogel vom 2. September läßt auf noch spätere Zweitbrut (Ende Juli–Anfang August) schließen.

Nach dem Verlassen des Nestes schließen sich die Jungen zu Verbänden zusammen; die Altvögel beginnen zu mausern. Alle im August in Ganssu erbeuteten Exemplare befanden sich in Vollmauser (PRJEVALSKY 1877).

Im Sommer leben die Rotschwänze hauptsächlich von tierlicher Nahrung. Magenuntersuchungen ergaben für die Monate Mai bis September vorrangig Imagines kleiner Insekten, von August bis September zwar auch noch anteilig Insekten,

X

1982

Phoenicurus schisticeps (Gray)

bearbeitet von

E. v. VIETINGHOFF-SCHEEL

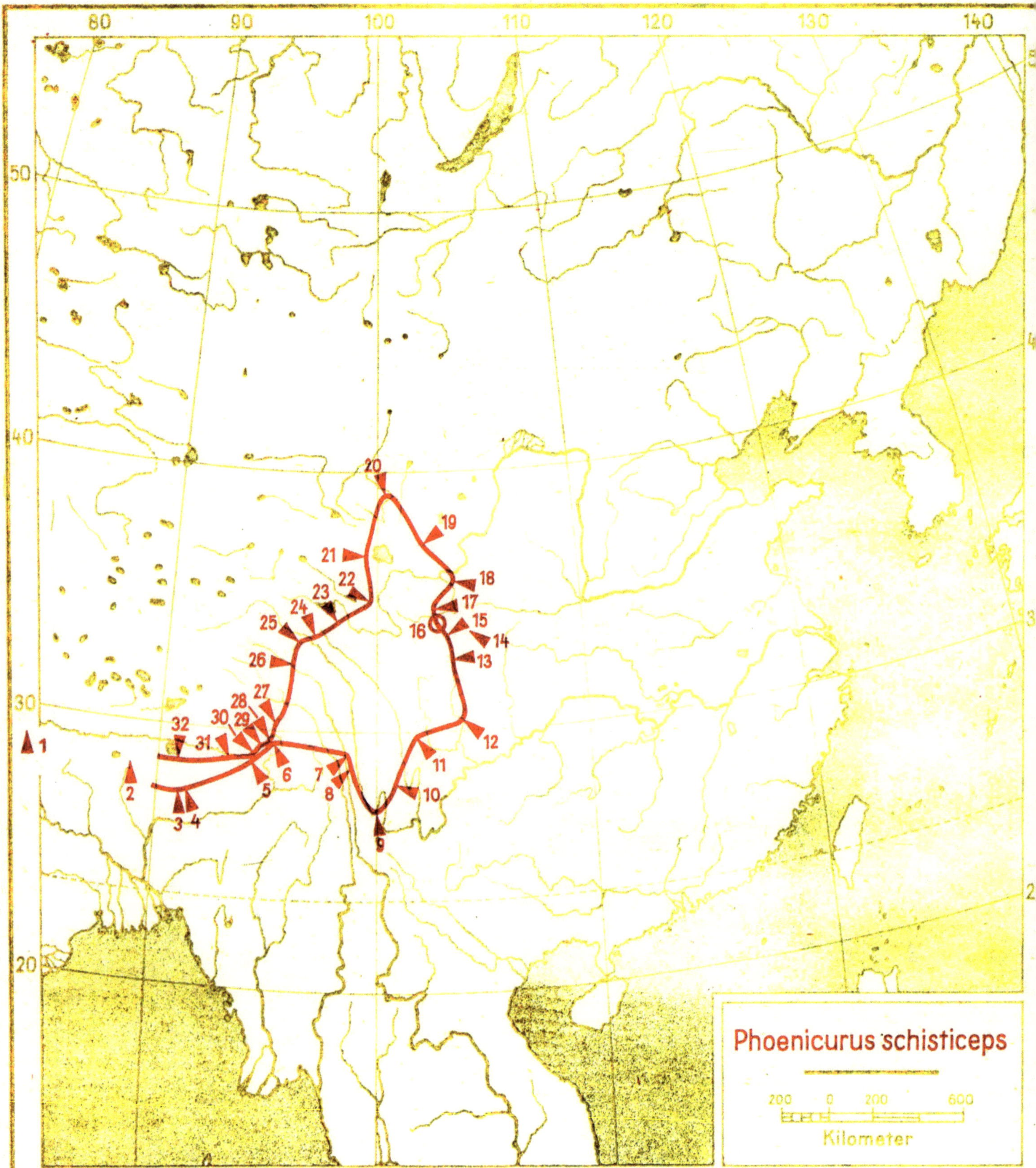

Phoenicurus schisticeps
200 0 200 600
Kilometer

knappen Biotopbeschreibungen, gerade sie wären von Interesse, um einen genauen Einblick in die Pflanzengesellschaften zu erhalten, die die Lebensgrundlage der Vögel ausmachen.

Über das Brutgeschehen liegen uns informativere Angaben vor. Die Brutzeit (frühester Nestfund vom 11. 5. in Kansu; PRJEVALSKY 1877) fällt allgemein in die Spanne von der 2. Dekade Mai bis Ende Juli (spätester Nestfund vom 29. 7. Kukunor-Gebiet; STRESEMANN et al. 1937), im SCHÄFERschen Beobachtungsgebiet (Südtibet) von Ende Mai bis in den August. Flügge Junge wurden im Mudshik-Gebirge bereits am 6. 6. beobachtet (PLESKE 1889).

3—4 Eier scheinen die Regel zu sein. Die Farbe der Eier variiert und wird von BEICK (STRESEMANN l. c.) anhand gefundener Nester so beschrieben: 1. Grundfarbe rötlichgelb rahmfarben, bei einem ins Grünliche ziehend. Fleckung: Feine orangefarbene Frickel, die bei 2 Eiern fast gleichmäßig verteilt sind, bei einem anderen am stumpfen Ende zu einer Kappe zusammenfließend. Weiß durchscheinend, etwas glänzend. — 2. Einfarbig hellrötlich lehmfarben. — 3. Mit gänzlich anderem Aussehen (Muscicapiden-Typ): Fast matt, blaß graugrünlicher Grund mit dichten, aber beinahe unsichtbaren, feinen lehmfarbenen Fleckchen. Grün durchscheinend. — Drei Eier eines Nestes aus Kansu waren ziemlich hell fleischfarben getönt und mitunter mit kaum merkbaren bräunlichen Punkten versehen. — Die Maße zweier Nester von Kimar (Kuku-nor-Gebiet): 1. Breite 13 cm, Höhe 6,5 cm, Nestschale 7 cm breit und 4,5 cm tief. 2. Durchmesser 9 cm, Höhe 8 cm, Nestmulde 5,5 cm im Durchmesser und 4 cm tief. Das Nestmaterial bestand aus Moos, Gras, kleinen dürren Zweigen, Bast, Laubblättern. Innen sind die Nester mit weichem Gras, Pflanzenfasern oder Würzelchen ausgepolstert oder mit Tierhaaren und -wolle ausgelegt. In den Rand eines von BEICK (s. u.) gefundenen Nestes waren auch Federn von *Phasianus colchicus strauchii* eingeflochten.

Die ausführlichste Beschreibung einiger Nestfundorte gibt BEICK in seinen Tagebuchaufzeichnungen: Am 24. 5. bei Tschautou ein Nest mit 4 angebrüteten Eiern in einer kleinen Höhlung der 175 m hohen Uferwand des Flüßchens. — 12. 6. bei Kimar im Wacholderwald in der Vertiefung eines Felsens, davor wuchs ein kleiner *Berberis*-Strauch. — Am 29. 7. am gleichen Ort ein Nest in der Höhlung eines Wacholderbaumes. — Das bereits erwähnte, aus der Provinz Kansu stammende Nest vom 11. 5. war in einer Felsspalte gebaut und lag in einer Tiefe von 30 cm vom Eingang entfernt (PLESKE 1889).

Wanderungen

Mit einsetzender kalter Jahreszeit beginnen die Vögel, ihre hoch gelegenen Sommeraufenthalte zu verlassen, um sich in Gebieten mit winterlich günstigem Nahrungsangebot anzusiedeln. Höchst selten werden dafür weitreichende Flüge unternommen, so daß die Winteraufenthalte im wesentlichen in oder an der Peripherie des Brutgebietes liegen, wie z. B. bei Choni (P. 17). Offenbar ist ein Teil der Vögel ausgesprochen kältehart und verharrt den ganzen Winter über an den hochgelegenen Brutorten. Noch am 24. 12. sah BEICK ein Männchen am oberen Rand des Wacholderwaldes bei Kimar, während die Mehrzahl der dort brütenden Vögel in tiefere Lagen hinabstieg. Bei Lassa setzte die Zuwanderung ab Mitte Oktober ein; Anfang März begaben sich die Rückwanderer in die höher gelegenen Brutgebiete. In der südlicher gelegenen Provinz Ganssu (PLESKE 1889) wurden bereits Mitte Februar zurückkehrende Exemplare beobachtet, die den Winter in etwas abgelegeneren Gebieten verbracht hatten; in bedeutender Anzahl im April auch am Fluß Barga-gorgi.

Sehr späte Winterdaten liegen aus dem Gebiet Sungpan-Atentsze (Süd-Tibet) vor, wo die Vögel bis mindestens Mitte November in großen Höhen angetroffen worden sind. Nur einmal, am 14. 1., sah WEIGOLD (KLEINSCHMIDT l. c.) bei Taukwan in 1400 m Exemplare von *schisticeps*.

Im Gebiet des Jalung und Jangtse verbrachten Hunderte von Vögeln die Wintermonate in dichten Hecken und buschbewachsenen Hängen der tief eingefurchten Trockentäler. Nach SCHÄFERS (1938) Beobachtungen sind es hauptsächlich die weiblichen Vögel, die dort eine Vertikalwanderung ausführten, während die Männchen in tiefere Lagen steigen und die Waldgebiete der Wannentäler erreichen. Offenbar erfolgt auch bei ihnen hier kein geschlossener Abstieg in die niedrigeren Regionen, da sich noch im Dezember und Januar auf 4300 m Höhe (Batang) wenige *schisticeps* aufhielten. Als seltene Irrgäste halten sie sich in der Gegend von Yekundo auf (SCHÄFER l. c.) und ebenso in Nord-Burma, von wo bis heute nur zwei Nachweise vorliegen: 1 Exemplar am 17. 1. am Ostkamm des Imaw Bum in 3700 m Höhe aus einem ziehenden Schwarm erbeutet, ein weiteres am 24. 2. bei Hpimaw in 2500 m Höhe (STANFORD u. MAYR 1941, SMYTHIES 1953). Bei diesen Vögeln handelt es sich höchstwahrscheinlich um Wintergäste aus dem benachbarten, nördlich dieser Lokalitäten gelegenen Likiang-Gebirge, aus dem Brutnachweise bekannt sind.

Woher die herbstlichen Durchzügler vom Oktober in der Umgebung von Lhasa stammen (LUDLOW 1950) ist unbekannt. Es könnte sich dabei um Vögel handeln, die bei Lakhang (P. 32) den Sommer verbrachten, und die sich in der kalten Jahreszeit in geschütztere Lagen zurückziehen. Auch ist nicht auszuschließen, daß die in Bhutan, südlich der Himalaya-Hauptkette gefundenen Exemplare ebenfalls von dort kommen, da LUDLOW u. KINNEAR (1937) die Meinung vertreten, die große Anzahl von *Phoenicurus schisticeps*, die jährlich die südlichen Himalaya-Hänge im Winter besiedelt, würde aus dem nördlichen Teil des Gebirges stammen.

Aus dem nepalischen Gebiet liegen bisher nur wenige Beobachtungen vor. Am 1. 2. wurde ein Weibchen aus einem ziehenden Schwarm bei Mangalbari erlegt (RIPLEY 1950), und Beobachtungen im Dudh Kosi-Tal und Bhote Kosi-Tal da-

Phoenicurus schisticeps (Gray)

Weißkehlrotschwanz

Zur Verwandtschaft s. Anm. zu *Ph. hodgsoni.*

Gliederung und Verbreitung

Die Art ist monotypisch; die von STRESEMANN (1927) anhand von zwei Bälgen aus Lau-hu-kou beschriebene Unterart *Phoenicurus schisticeps beickii* konnte nach eingehenden Vergleichen eines größeren Balgmaterials nicht aufrecht erhalten werden.

Außer einem einzigen bis jetzt bekannten Vorkommen, das in West-Nepal (Annapurna-Massiv) liegt und wegen der günstigen Daten von Ende Juni und Ende Juli höchstwahrscheinlich auf einen Brutplatz schließen läßt, deckt sich das Verbreitungsgebiet des Weißkehlrotschwanzes in nur geringen Abweichungen mit dem von *Phoenicurus hodgsoni.* In den Grenzen von annähernd 91° E—104° E und 26° N—39° N erstreckt es sich von Nepal (?), Sikkim, Süd-Tibet, dem Tsangpo-Knie über Yünnan im Süden nach Norden über Kansu entlang des Min-ho zum Nan-schan im Norden und biegt westlich des Kuku-nor nach Süden bis südlich des Tsangpo.

Über die Verbreitung im westtibetischen Raum lagen bis zur 3. Tibet-Expedition SCHÄFERS (unveröffentl.) keine Angaben vor. Zitat aus dem Expeditions-Manuskript: „LUDLOW hat darauf aufmerksam gemacht, daß bisher noch kein Sammler diesen Rotschwanz im Himalaya während der Sommermonate begegnet sei: The large numbers of this beautiful Redstart which annually visit the southern slopes of the main range in winter must, I think, breed well to the north of the Himalayas. Diese Theorie halte ich nicht für richtig. In Süd-Tibet oder nördlich davon brütet *Ph. schisticeps* nicht, und es ist so gut wie ausgeschlossen, daß die in Ost-Tibet (Kham usw.) nistenden Exemplare sich zum Winter nach dem Ost-Himalaya begeben. Meines Erachtens werden reich besetzte Brutplätze dieser Spezies in den Hochlagen von Nepal und Sikkim künftig noch gefunden werden." Vergl. dazu LOWNDES (1955) und LUDLOW (1944).

Oekologie

Die Landschaftsformen, auf die *Ph. schisticeps* in seinem Verbreitungsgebiet spezialisiert ist, weisen einen recht einheitlichen Charakter auf. Obwohl er ein Bewohner der höchsten Gebirgsregionen ist, überschreitet er, soweit bekannt, nie die vegetationsreichen Zonen dieser Höhenlagen und dringt nicht bis in die eigentlichen kahlen Alpingebiete vor, so daß er zu den typischen Vertretern der Montanwaldbewohner gezählt werden kann. Dieser Rotschwanz ist kein Vogel der dichten Urwaldzone, sondern bevorzugt als Lebensraum lichte aufgelockerte Laub-, Nadel- oder Mischwälder mit Buschwerk als Unterwuchs, oft auch Kahlschläge, Brandflächen oder Waldblößen oder auch Anbauflächen der Waldbauern, wo er in Gebüschen und Rodungsstellen zu finden ist (SCHÄFER 1938). Nicht selten lebt er in nächster Umgebung von Wasserläufen, z. B. in der oberen Zone der bewaldeten Schluchten der Nebenflüsse des Hoangho-Oberlaufes (PLESKE 1889), wo die Weißkehlrotschwänze häufiger auch in größeren Laub- und Nadelgehölzen zu finden waren; am Hoangho selbst brüteten sie allerdings nicht. Auch hier erreicht *schisticeps* in der Höhenverbreitung nicht die Zone des subalpinen Buschwerks, was sich mit der Annahme WEIGOLDS (KLEINSCHMIDT 1923) deckt: „M. Erf. geht er nie über die Buschzone und überhaupt selten oberhalb des Waldes."

In den Tälern des Subansiri und Tsangpo traf LUDLOW (1944) ihn recht zahlreich, vorzugsweise in buschartigem Unterwuchs semiarider Flächen längs dieser Flüsse, häufig auch auf abgebrannten Waldgebieten an. Auch LUDLOW hebt hervor: „I have never seen it in summer in the alpine zone above the tree line, and it is most abundant at the lowest levels, i.e. between 9500 and 10500 ft." — Die Durchschnittshöhen für die Sommermonate liegen im allgemeinen bei 3300 und 4800 bis 5000 m in Sikkim (ALI 1962), 3400—3800 m (4575 m an der Litangstraße?) in Südost-Tibet (KLEINSCHMIDT 1923), 4150 m an den Nordhängen des Jupar-Gebirges, 3150—3500 m im Minshan (BANGS u. PETERS 1928), am Osthang des Likiang-Gebirges in 4000—5000 m (GREENWAY 1933) in typischer Kalksteinformation mit Bewuchs aus Tannen- und Fichtenwäldern, untermischt mit *Acer*, *Syringa*, *Euonymus* und *Arundinaria.* Angaben über extrem abweichende Werte von den erwähnten sind nicht bekannt, so daß man folgern kann, daß die Grenzen der Höhenverbreitung im gesamten Areal auf annähernd gleichem Niveau liegen. Über Winterdaten s. Kap. „Wanderungen".

Phoenicurus schisticeps ernährt sich in den Sommermonaten hauptsächlich von Insekten, die er von den Bäumen sammelt oder im Flug fängt (SCHÄFER 1938); mitunter wurden in den Mägen erlegter Exemplare auch kleine Samen gefunden (MEINERTZHAGEN 1927). Die überwiegende Futtergrundlage bilden im Winter allerdings getrocknete Beeren, u. a. solche von Sanddorn und Wacholder (STRESEMANN et al. 1937).

Die Vögel sind scheu, wenig gesellig und geben sich nur im Winter etwas vertrauter. Leider liegen bis jetzt keine detaillierten Angaben vor, die über spezifische Verhaltensweisen des Vogels Auskunft geben könnten. Ein Mangel sind die äußerst

FUNDORTLISTE

Nr.	Fundort		Quelle
1.	Manangbhot	Ac	Lowndes 1955
–	Khangsar	Ac	Lowndes 1955
2.	Gotsa (16. u. 19. I.)		fide Vaurie 1972
3.	Chungkar (23. II.)		Ludlow 1944
4.	Sukden (12. III.)		Ludlow 1944
5.	Molo	J	Ludlow 1944
6.	Doshong La	A	fide Vaurie 1972
7.	Yer-ka-lo (= Yerkalo)	A	Oustalet 1903
8.	Atentsze	A	Kleinschmidt 1923
9.	Lichiang-Gebirge	AJc	Hartert 1926, Riley 1926
–	Yangtze-Tal	A	Hartert 1926
–	Gou-khú-ko	A	Riley 1931
10.	Ku-lu (IV.)	A	Bangs 1932
11.	Sëurong (SW Tatsienlu)	A	Kleinschmidt 1923
–	W Tatsienlu	B	Schäfer 1938
12.	Min (I.–V.)	A	Kleinschmidt 1923
13.	Sungpan	J	Kleinschmidt 1923
–	Tungpei (X. u. XI.)		Styan 1899
14.	Choj-sjanj (II.)		Berezowski u. Bianchi 1891
15.	Satani (XI.–II.)		Berezowski u. Bianchi 1891
		J	Coll. Zool. Inst. Leningrad
16.	Min-shan	A	Lönnberg 1924
–	Aschuen	A	Lönnberg 1924
–	Kadjaku-Tal	Ac	Bangs u. Peters 1928
17.	Choni	A	Bangs u. Peters 1928
18.	ca. 193 km S Lanchow	A	Riley 1930
–	ca. 24 km S Lanchow	A	Riley 1930
–	ca. 64 km S Lanchow	A	Riley 1930
19.	Tschau-tou	A	Stresemann et al. 1937
–	Tachalung	A	Stresemann et al. 1937
–	Rangchta (15. III.)		Stresemann et al. 1937
–	Desen-laka	A	Stresemann et al. 1937
–	Kimar	A	Stresemann et al. 1937
20.	Matisse	Ac	Pleske 1892
21.	Dulanj-kit	J	Bianchi 1907
22.	Revenny-Gebirge (= Ugutu-Ula)	A	Pleske 1889
–	Baga-gorgi (= Chasora-Fluß)	Ac	Pleske 1889, Deditius 1886
23.	Bana-dshunj (Serj-tschju; IV.)	A	Bianchi 1907
24.	Sacha Sumdo (14. IV.)		fide Vaurie 1972
25.	Lager 75 (= T'sin Da)	B	Schäfer u. Meyer de Schauensee 1939
26.	Dze-tschju	J	Pleske 1889
–	Barj-tschju (IX.)	A	Pleske 1889
27.	Pome: Gyadzong, Dem	Ac	Ludlow 1951
28.	Gyala	Ac	Ludlow 1944
29.	Dzeng	Ac	Ludlow 1951
–	Lusha	A	Ludlow 1944
–	Pe	J	Ludlow 1944
30.	Simbiteng	Ac	Ludlow 1951
31.	Nang Dzong	Ac	Ludlow 1944
32.	Hamo Chu-Tal (Lhakhang; 1. IX.)	J	Ludlow u. Kinnear 1937

LITERATUR

Ali 1962 — Birds Sikkim. Madras. 258–259.

Bangs 1932 — Field Mus. Nat. Hist., Publ. 314, Zool. Ser., 18/11, 362.

Bangs u. Peters 1928 — Bull. Mus. Comp. Zool. Harvard 68/7, 351–352.

Berezowski u. Bianchi 1891 — Aves Exped. Potanini Gan-su. St.-Petersb. 93.

Bianchi 1907 — Aves Exped. Kozlowi Mongol., Tibet. orient. St.-Petersb. 69–70.

Deditius 1886 — J. Orn. 34, 538.

Greenway 1933 — Bull. Mus. Comp. Zool. Harvard 74/5, 123.

Hartert 1926 — Novit. Zool. 33, 251.

Kleinschmidt 1923 — Abh. Mus. Tierk. Völkerk. Dresden 16/2, 43.

Lönnberg 1924 — Ibis (11) 5, 316.

Lowndes 1955 — J. Bombay Nat. Hist. Soc. 53, 32.

Ludlow 1928 — Ibis (12) 4, 60.

Ludlow 1944 — Ibis 86, 183.

Ludlow 1950 — Ibis 92, 37.

Ludlow 1951 — Ibis 93, 559.

Ludlow u. Kinnear 1937 — Ibis (14) 1, 269–270.

Martens 1971 — Vogelwarte 26, 120.

Meinertzhagen 1927 — Ibis (12) 3, 586.

Oustalet 1893–94 — Nouv. Arch. Mus. Hist. nat. Paris (4) 5, 161.

Pleske 1889 — Aves Przewalskianae. St.-Petersb. 2, 66–67.

Pleske 1892 — Mélang. Biol. Bull. Acad. Sci. St.-Petersb. 13/2, 291.

Prjevalsky 1877 — in Rowley: Orn. Miscell. London. 2, 175.

Riley 1926 — Proc. Unit. States Nat. Mus. 70, Art. 5, 37.

Riley 1930 — Proc. Unit. States Nat. Mus. 77, Art. 15, 27.

Riley 1931 — Proc. Unit. States Nat. Mus. 80, Art. 7, 57.

Ripley 1950 — J. Bombay Nat. Hist. Soc. 49, 386.

Schäfer 1938 — J. Orn. 86 (SH.), 229–231.

Schäfer u. Meyer de Schauensee 1939 — Proc. Acad. Nat. Sci. Philadelphia 90, 221.

Smythies 1953 — Birds Burma. Edinburgh-London. 108.

Stanford u. Mayr 1941 — Ibis (14) 5, 222.

Stresemann 1927 — Orn. Mber. 35, 134.

Stresemann et al. 1937 — J. Orn. 85, 560–562.

Styan 1899 — Ibis (7) 5, 293.

Vaurie 1972 — Tibet and its Birds. London. 287.

Auskunft über Sammlungsexemplare aus dem Zool. Inst. der Akad. der Wissenschaften der UdSSR in Leningrad erteilte I. A. Neufeldt.

tieren vom 6. und 7. 3. (3600 und 4000 m Höhe). Im lockeren Trupp zum Überwintern nach Süden ziehende Weißkehlrotschwänze beobachtete MARTENS (1971) von Mitte bis Ende November in den Nadelwäldern von Thaksang und Tukche (Dhaulagiri-Annapurna-Gebiet), unweit vom Sommerfund P. 1.

Für Ladakh und Sikkim weisen Daten vom November, Dezember und Januar auf Winteraufenthalte hin (MEINERTZHAGEN 1927), wie auch auf das Chumbi-Tal (Gyantse), wo sich die Vögel im Winter in großer Anzahl aufhielten (LUDLOW 1928).

X

1982

Ciconia boyciana Swinhoe

bearbeitet von

I. A. NEUFELDT und K. WUNDERLICH

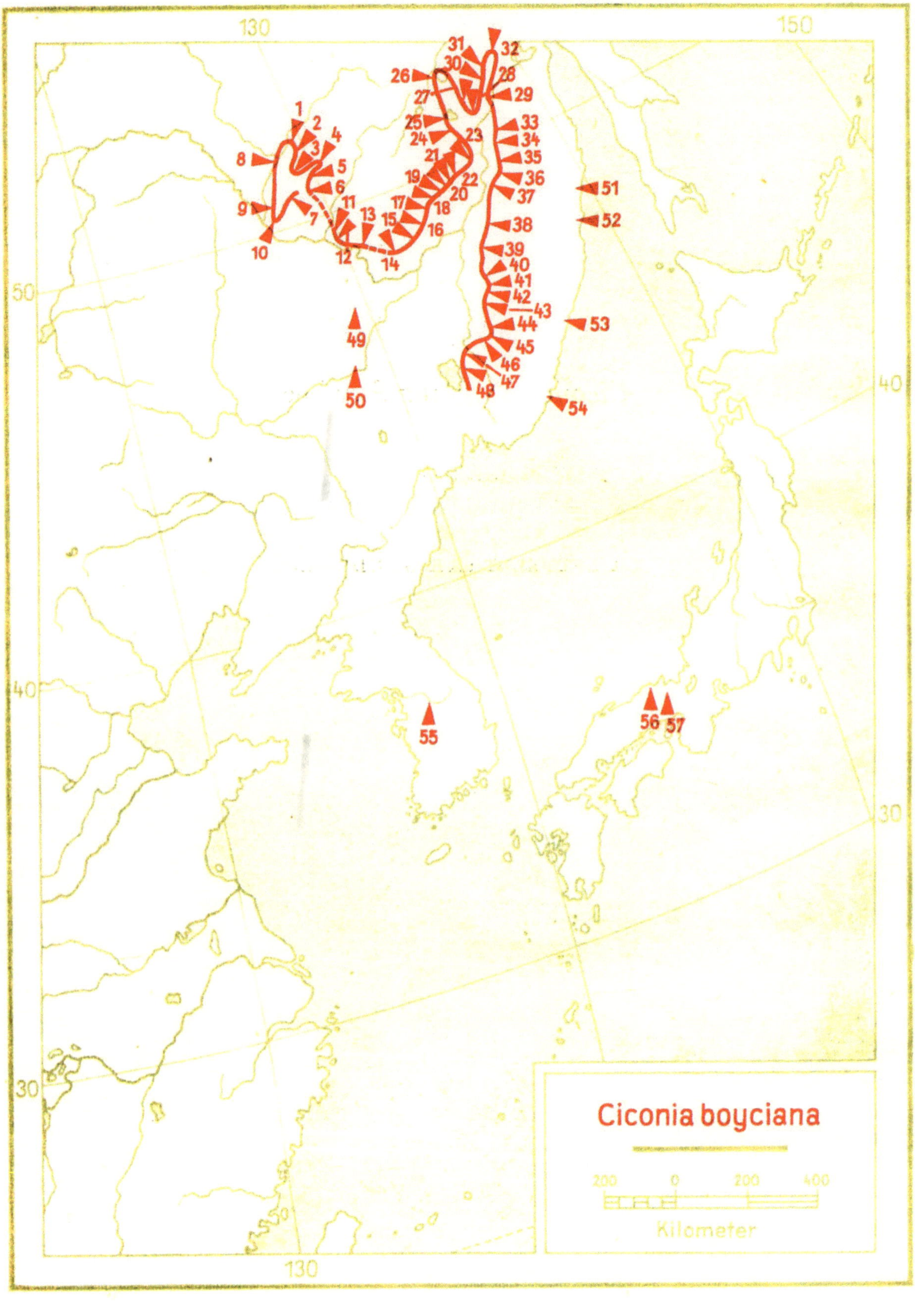

Ciconia boyciana
200 0 200 400
Kilometer

Ciconia boyciana Swinhoe

Schwarzschnabelstorch

Verwandtschaft

Mit *C. ciconia* (L.) anscheinend nächstverwandt, den er im Fernen Osten vertritt. Vom Turkestan-Storch (*C. c. asiatica*) durch den gewaltigen zentralasiatischen Raum von Jarkand bis Blagoweschtschensk getrennt (Schüz 1963).

Einige Autoren fahren darin fort, *C. boyciana* als konspezifisch anzusehen. Die Differenzen zwischen beiden unterstreichen jedoch zweifelsfrei den Artstatus des Schwarzschnabelstorchs (siehe Vaurie 1965).

Zur Verbreitung

Die Art kommt heute als Brutvogel fast nur noch im Amurgebiet vor, hauptsächlich auf sowjetischer Seite, sehr wahrscheinlich auch auf chinesischer. Von dieser verfügen wir allerdings kaum über Hinweise auf intakte Brutplätze. Die eigenständige japanische Population ist praktisch erloschen, die koreanische steht wohl kurz davor (siehe unten).

In der Sowjetunion brütet *C. boyciana* in der Zeja-Bureja-Niederung. Hier sind in den Tälern von Selemdsha, Tom und ihrer Zuflüsse 1977 auf 487 km Marschroute 26 Horste und 59 Nichtbrüter registriert worden (Flint u. Smirenskij 1977). In der Bureja-Archara-Senke horsteten auf 150—160 km² zwischen 1969 und 1971 im jährlichen Mittel 30 Paare (Pankin u. Neufeldt 1976), 1975 31, zwischen den Flüssen Gunakan und Grjaznaja 13 (Winter 1978). Weitere Brutgebiete sind die mittlere Amur-Niederung, in der 1974 8 Nester bekannt waren (Lebedewa 1977), und das untere Amur-Becken — nordostwärts bis zum Tschuktschagir-See und Udylj —, wo nach Angaben von Rosljakow (1977) rund 200 Paare brüten. An Ussuri und den Unterläufen seiner östlichen Zuflüsse reicht das Brutvorkommen südwärts bis zum Ostgestade des Chanka-Sees: 1974, 1975 wurden hier etwa 140 Paare festgestellt (Schibajew et al. 1976). Einzelne Paare brüten sporadisch in Tälern an den Unterläufen einiger Flüsse, die von der Ost-Abdachung des Sichote-Alin herabkommen und ins Japanische Meer münden, so in der Olga-Bucht, eventuell bis zum Botschi im Norden.

Die Kopfgesamtzahl auf sowjetischem Territorium wird im Red Data Book of USSR (1978) auf ungefähr 1300 veranschlagt — im Amurgebiet rund 200 Brutpaare, im Chabarowsker Raum ca. 400, im Primorje etwa 60. Die Zahl schrumpft. — Es wird eine gewisse Verschiebung des Areals nach Norden hin konstatiert. U. a. bleibt das Brüten am Chanka-Südufer aus, was bereits Prshewalskij (Tagebuch der Ussuri-Reise 1867—1869, im Zool. Inst. Leningrad) entdeckte — Lefu- (= Ilistaja) und Mo-(= Melgunowka) Mittelläufe. Bereits 1926 traf Schulpin (1936) dort überhaupt keine Störche an. Am unteren Iman (= Bolschaja Ussurka), wo die Art erwiesenermaßen 1938 und 1939 nicht nistete, fand sie sich 1941 ein und brütete fortan: bei Werbowka 1953 1 Paar, 1954 3 Horste (Spangenberg 1965 [1964], Leonowitsch u. Nikolajewskij 1976). Am mittleren und unteren Amur ist die Zahl der Störche seit dem verflossenen Säkulum klar angestiegen (Litwinenko 1968, Pankin u. Neufeldt 1976).

Vergegenwärtigt man sich die Verbreitung der Art auf sowjetischer Seite, kann vermutet werden, daß sie unter ähnlichen Verhältnissen auf anschließendem chinesischem Boden vorkommt — im Amur-Sungari-Bassin und chinesischen Teil der Chanka-Ussuri-Ebene. Yamashina (1977) bemerkt gleichfalls: „. . . einige Einzelstücke können auf der linken Ussuri-Seite gefunden werden". Das ICBP Bird Red Data Book (1981) vermerkt, daß die Art in der Mandschurei für 1976 noch einigermaßen gewöhnlich genannt wurde (Paludan in litt. an Ripley). Einige sind bei Tsitsihar, Heilungkiang Prov., gesehen worden (Gerson in litt. an Ripley, April 1976).

In Korea horstete der Vogel einst an etlichen Stellen, besonders in der Provinz Hwanghae Do (Kobayashi 1931, 1932, Mori 1939, Austin 1948). Er war als Glücksbringer volkstümlich, und seine Brutansiedlungen wurden als gutes Omen geschätzt. Ob er zur Zeit in Nordkorea brütet, war nicht zu ermitteln. In Südkorea laut Won (mdl. 1978 fide Grummt 1979) zur Zeit weder Brutvogel noch Zügler. Gore und Won (1971) vermuten, daß die Art als Brutvogel schon vor dem 2. Weltkrieg aus Korea verschwunden ist. Anfang April 1971 wurde im Süden gänzlich unerwartet das Brutpaar bei Umsung (Chungchong Pukdo) entdeckt.

Der deprimierende Niedergang der japanischen Population nahm bereits im vergangenen Jahrhundert seinen Anfang. Bis zu dessen Beginn war der Schwarzschnabelstorch in Japan ziemlich gewöhnlicher Brutvogel (Yamashina u. Takano 1959), so vielerorts auf Honshu. Im 19. Jahrhundert baute er seine Nester noch in der Umgebung von Tokio auf Einzelbäumen, oft in Reiherkolonien, sogar auf den Dächern kleiner Tempel (Austin u. Kuroda 1953, Takashima 1956, Yamashina 1962). 25 Jahre ungeregelter Jagdausübung in der Meiji-Epoche brachten ihn fast an den Rand des Aussterbens. Gegen Ende des vorigen Jahrhunderts brütete er nur noch in der Provinz Hyogo (W-Honshu) und räumte schließlich auch dieses Feld. 1894 kam es dort, im Izushi-Tal, erneut zu einer Brutansiedlung, die nach Erlaß einer Jagdordnung 1919/1920 auf 30—40 Exemplare anwuchs (Austin u. Kuroda 1953, Takashima 1956, Yamashina 1962). Maximum 1930 gegen 100 Vögel (Yamashina u. Takano 1959). Für 1940 wurde die japanische Population mit 70—80 Paaren beziffert. Während des 2. Weltkrieges sank die Kopfzahl wiederum (direktes Verfolgen, Zerstören von Horsten, Einschlag von Horstbäumen als Haupt-

Zu P. 49:
Statussymbol mit Fragezeichen versehen, da CHENGS Ausführungen nicht mit Sicherheit entnommen werden kann, daß dieser Nachweis in der Brutzeit geführt worden ist.

Zu P. 55:
Nur 1971 1 Brutpaar. Trotz sofortiger regierungsseitiger Unterschutzstellung wurde das ♂ Anfang April am Nest gewildert. Seitdem (ARCHIBALD brfl. 1979) zeitigt das ortsstete ♀ jährlich unbefruchtete Gelege.

Zu P. 57:
JAHN (1942) schätzte seinerzeit die japanische Restpopulation in Izushi auf 70–80 Paare (siehe auch „Zur Verbreitung"). Die Unruhen des letzten Weltkrieges und der Besetzung hatten kaum 10 Jahre später diesen Bestand nahezu vernichtet. MORI resümierte bereits 1950 vor der Ornithological Society of Japan (fide AUSTIN u. KURODA 1953), man fände nirgends bei Izushi mehr Störche, die Bäume und damit die brauchbaren Nistplätze seien verschwunden.

LITERATUR

AUSTIN 1948 — Bull. Mus. comp. Zool. Harvard 101, 44–46.
AUSTIN u. KURODA 1953 — Bull. Mus. comp. Zool. Harvard 109, 332–333.
Check-list Japan. Birds 1974 — Tokyo. 35.
CHENG 1976 — Distrib. List. Chin. Birds (Rev. Ed.). Peking. 33–35.
FENNELL u. KING 1964 — Condor 66, 240.
FISCHER 1966 — Beitr. Vogelkd. 11, 334.
FLINT u. SMIRENSKIJ 1977 — Tezisy dokl. 7. Wsesojuzn. Orn. Konf. Kiew. 2, 251.
GORE u. WON 1971 — Birds Korea. Seoul-Tokyo. 119.
HEMMINGSEN 1951 — Proc. Xth Int. Orn. Congr. Uppsala 1950, 351–353.
HIGUCHI 1976 — Misc. Rep. Yamashina Inst. Orn. 8, 213–215.
ICBP Bird Red Data Book 1981 — Washington. 26/CICON/CIC/BOYE.
JAHN 1942 — J. Orn. 90, 238–240.
KARTAWYCH 1976 — Trudy Oksk. zapow. 13, 35.
KOBAYASHI 1931 — Tori 7, 75.
KOBAYASHI 1932 — Coll. Rep. birds and animals 6, 70.
KOBAYASHI 1948 — Yacho 8, 13.
KOMAROW 1976 — Trudy Oksk. zapow. 13, 34.
KURODA 1963 — Vogelwarte 22, 39.
KURODA 1964 — Vogelwarte 22, 276.
KURODA 1969–1970 — Vogelwarte 25, 269.
LEBEDEWA 1977 — Tezisy dokl. 7. Wsesojuzn. Orn. Konf. Kiew. 2, 228–229.
LEONOWITSCH u. NIKOLAJEWSKIJ 1976 — Trudy Oksk. zapow. 13, 17–19.
LITWINENKO 1967 — Ochrana, rac. ispolzowan. i wosproizwodstwo estestw. resurs. Priamurja. Chabarowsk. 188–189.
LITWINENKO 1968 — Ornitologija 9, 356–358.
MORI 1939 — Yacho 6, 8.
MUNECHIKA 1978 — Animals and Zoos 30, 272–274.
NAZAROW u. LABZJUK 1975 — Trudy Biol.-potschw. Inst. Dalnewost. Centr. AN SSSR 29, 270.
NETSCHAJEW 1963 — Ornitologija 6, 177.
OGASAWARA u. IZUMI 1977 — Misc. Rep. Yamashina Inst. Orn. 9, 121–127.
OMELKO 1976 — Trudy Oksk. zapow. 13, 34.
PANKIN u. NEUFELDT 1976 — Trudy Oksk. zapow. 13, 19–31.
PANOW 1973 — Pticy Jushn. Primorja. Nowosibirsk. 52.
RACHILIN 1976 — Trudy Oksk. zapow. 13, 34–35.
Red Data Book USSR 1978 — Moscow. 92–93.
ROSLJAKOW 1977 — Tezisy dokl. 7. Wsesojuzn. Orn. Konf. Kiew. 2, 241.
SCHIBAJEW et al. 1976 — Ochrana prirody na Daln. Wost. Wladiwostok. 190–191.
SCHIBNEW 1976 — Trudy Oksk. zapow. 13, 33–34.
SPANGENBERG 1965 (1964) — Sborn. trud. Zool. Mus. Mosk. Uniw. 9, 128, 129.
SCHTSCHERBAKOW 1976 — Trudy Oksk. zapow. 13, 31–33.
SCHÜZ 1963 — Vogelwarte 22, 68–69.
SCHULPIN 1936 — Promysl., ochotn. i chischtschn. pticy Primorja. Wladiwostok. 98–104.
TACZANOWSKI 1893 — Faune orn. Sib. orient. St. Petersburg. 974.
TAKAHASHI 1937 — Tori 9, 467.
TAKASHIMA 1956 — Tori 14, 35–36.
VAURIE 1965 — Birds palearct. Fauna. Non-Passeriformes. London. 84–85.
WINTER 1978 — Trudy Zool. Inst. AN SSSR 76, 9–23.
YAMASHINA 1962 — VIII. Bull. Int. Council Bird Pres., 99–102.
YAMASHINA 1977 — Misc. Rep. Yamashina Inst. Orn. 9, 131–142.
YAMASHINA u. TAKANO 1959 — Misc. Rep. Yamashina Inst. Orn. 13, 505–521.

Briefliche Auskünfte erteilten: ARCHIBALD (Korea), ROSLJAKOW (unteres Amurgebiet).

FUNDORTLISTE

Nr.	Fundort		Quelle
1.	Ulma-Lauf	N	Leonowitsch u. Nikolajewskij 1976, Flint u. Smirenskij 1977
–	Dörfchen Ulma	N	Leonowitsch u. Nikolajewskij 1976
–	Fluß Taburatschka	N	Leonowitsch u. Nikolajewskij 1976
2.	Gorbitschek-Fluß	N	Flint u. Smirenskij 1977
3.	Fluß Birma	N	Flint u. Smirenskij 1977
–	Margaritowka	N	Leonowitsch u. Nikolajewskij 1976
4.	Fluß Bolschoj Majkur	N	Flint u. Smirenskij 1977
–	Aleun-Fluß	N	Flint u. Smirenskij 1977
–	Fluß Taschina	AN	Pankin u. Neufeldt 1976, Flint u. Smirenskij 1977
5.	Tom-Fluß	N	Flint u. Smirenskij 1977
–	Bolschoj Kungulj (Zufluß des Tom, S der Taschina, 51° N)	A	Pankin u. Neufeldt 1976
6.	Gorbylj-Fluß	A	Pankin u. Neufeldt 1976
7.	Fluß Belaja (nahe Znamenka)	A	Pankin u. Neufeldt 1976
8.	Swobodnyj	A	Pankin u. Neufeldt 1976
9.	Budunda (Budunda-Unterlauf)	A	Pankin u. Neufeldt 1976
10.	Wolkowo (S Blagoweschtschensk)	A	Pankin u. Neufeldt 1976
11.	Ukraina (N Swobodnoje)	N	Pankin u. Neufeldt 1976
–	Sewernyj	N	Pankin u. Neufeldt 1976
–	Skobelcino	N	Pankin u. Neufeldt 1976
–	Jacenkowo-See	N	Pankin u. Neufeldt 1976
–	Quellgebiet der Jartschicha	N	Pankin u. Neufeldt 1976
12.	Antonowka (W Archara)	N	Winter 1978
–	Dolgoje-See	N	Pankin u. Neufeldt 1976
–	Innokentjewka	N	Winter 1978
–	Ganukan	N	Winter 1978
–	Shurawlewka	N	Pankin u. Neufeldt 1976
13.	Grjaznaja-Fluß	N	Winter 1978
–	Kasatkino	N	Pankin u. Neufeldt 1976
–	Uril-Unterlauf	N	Pankin u. Neufeldt 1976
–	Sagibowo	N	Pankin u. Neufeldt 1976
14.	Bidschan-Oberlauf	N	Rosljakow brfl. 1978
15.	Oberlauf der Bolschaja Samara	N	Rosljakow brfl. 1978
16.	Bira-Mittellauf	N	Litwinenko 1967
17.	In-Oberlauf	N	Rosljakow brfl. 1978
18.	Urmi-Mittellauf	N	Rosljakow brfl. 1978
19.	Mittellauf des Kur	N	Rosljakow brfl. 1978
20.	Selgon-Fluß	N	Rosljakow brfl. 1978
21.	Chapri	N	Rosljakow brfl. 1978
22.	Chimi	N	Rosljakow brfl. 1978
23.	Bolonj-See	N	Litwinenko 1967, Rosljakow 1977
24.	Gorin (= Gorjun)	N	Rosljakow brfl. 1978
25.	Jerowon-See	N	Netschajew 1963, Rosljakow 1977
26.	Tschuktschagirskoje-See	N	Rosljakow 1977 u. brfl. 1978
27.	Charpi-Fluß	N	Rosljakow brfl. 1978
–	Boktor am Gorjun	N	Rosljakow brfl. 1978
28.	Talanda	N	Rosljakow brfl. 1978
–	Ansiedlung Start, NE Komsomolsk-na-Amure	N	Rosljakow brfl. 1978
29.	Sherebcowo	N	Rosljakow brfl. 1978
30.	Limuri-Oberlauf	N	Rosljakow brfl. 1978
31.	Agnije-Afanasjewskij	N	Rosljakow brfl. 1978
32.	Udylj-See, S Soloney	N	Rosljakow brfl. 1978
33.	Tolomona am Gur (= Chungari)	N	Rosljakow brfl. 1978
34.	Gur 12–15 km oberhalb Mündung	N	Rosljakow brfl. 1978
35.	Manoma	N	Rosljakow brfl. 1978
36.	Arsenjewo am Anjuj (= Onjuj)	N	Rosljakow brfl. 1978
37.	Gassi-See	N	Rosljakow brfl. 1978
38.	Nemptu-Fluß	N	Rosljakow brfl. 1978
39.	Obor	N	Rosljakow brfl. 1978
40.	Gwasjugi	N	Rosljakow brfl. 1978
41.	Kafe	N	Rosljakow brfl. 1978
42.	Katen-Fluß	N	Rosljakow brfl. 1978
43.	Krasnyj Perewal	N	Rosljakow brfl. 1978
–	Werchnyj Perewal am Bikin	N	Rosljakow brfl. 1978
–	Kanicheza, Strelnikowo	N	Schibnew 1976
–	Zwischenstromland Bikin-Altschan	N	Schibnew 1976
44.	Gontscharowka	B	Spangenberg 1965 (1964), Leonowitsch u. Nikolajewskij 1976
45.	Nowopokrowka	B	Spangenberg 1965 (1964)
46.	Werbowka	ABN	Spangenberg 1965 (1964)
–	Gogolewka	BN	Spangenberg 1965 (1964), Leonowitsch u. Nikolajewskij 1976
–	Sarowka	B	Spangenberg 1965 (1964)
–	Iman (= Dalneneretschinsk)	A	Leonowitsch u. Nikolajewskij 1976
47.	Sungatscha-Quellen	AN	Prshewalskij, Tagebuch 1867 bis 1869 (im Zool. Inst. Leningrad), Leonowitsch u. Nikolajewskij 1976
–	Noworusanowka	N	Schulpin 1936
48.	Santacheza (Nowoselskoje)	N	Leonowitsch u. Nikolajewskij 1976
49.	SE Yichun	↓ A ?	Cheng 1976
50.	Dongbe (E Harbin)	B	Cheng 1976
51.	Botschi-Fluß bei Grossewitschi	J	Schulpin 1936
52.	Samarga-Fluß	N	Schulpin 1936
53.	Ternej-Bucht	AB	Komarow 1976
54.	Awwakumowka	N	Nazarow u. Labzjuk 1975
55.	Umsung	↓ BN	Gore u. Won 1971, Archibald brfl. 1979
56.	Toyooka	BA	Kuroda 1964, Kuroda 1969–1970, Munechika 1978
57.	Tal von Izushi	↓ Bc	Jahn 1942

ursachen): 1944 — 50 ad. und 6 Nester, 1948 — 16 ad. und 3 Nester (KOBAYASHI 1948). 1955 sind im Reservat lediglich 16 Störche protokolliert worden, darunter 5 juv. (TAKASHIMA 1956). Im gleichen Jahr wurde das Jagen erneut unter Kontrolle genommen und der Vogel zum „Besonderen Naturdenkmal" erklärt. Danach „erholte" sich die Hyogo-Population langsam wieder (1956 20 Ex.), und 1957 wurden erstmals 2 Paare in der Brutzeit in der Präf. Fukui bemerkt; in einem der bezogenen Horste waren Junge. Am Ende dieser Fukui-Saison wurden 8 Vögel gezählt (YAMASHINA u. TAKANO 1959). Wegen Mangel an Brutbäumen dort begannen einige, Nester auf Masten und höheren Stromleitungen zu bauen und dafür auch gern besonders ausgestattete Säulen zu benutzen, die ihnen lokal aufgerichtet wurden. Fast schien es, *C. boyciana* sei in Japan gerettet. Jedoch ging ab 1958 der Anteil der Eier, aus denen Junge schlüpften, rapid zurück. Neben Eingriffen in den Lebensraum (u. a. per Dränage großen Stils) ganz allgemein wird Mindern des Fortpflanzungsvermögens durch langdauerndes Anwenden von Insektiziden, die sich in der animalischen Nahrung akkumulierten, dafür verantwortlich gemacht. So blieben alle getroffenen Schutzmaßnahmen für die 1955 noch vorhandenen ca. 20 Brutstörche ohne Erfolg (YAMASHINA 1962, KURODA 1969—1970). KURODA (1964) zog für das 1964er Brutgeschehen in Hyogo und Fukui folgende schlechte Bilanz: Dort 3 Nestfunde, aber eines blieb ohne Gelege, im zweiten erwiesen sich die Eier als unbefruchtet, im letzten zerbrachen die Altvögel die sehr weichschaligen Eier. Hier 1 Brut, allerdings starben die Jungen früh. Laut Sektionsbefund waren die Mägen mit Wurzeln und Laub aus den Reisfeldern angefüllt. „Anscheinend war infolge der Insektizide die animalische Nahrung so knapp, daß die Eltern unverdauliches pflanzliches Material verfütterten, das sich allmählich anreicherte und dann zum Tode führte. Auch die Altvögel sollen Reispflanzen aufgenommen haben" (l. c.). Nach dem gleichen Gewährsmann wurden 1962 noch 17 Vögel, 1963 16, 1964 14, 1965 10 und 1966 9 gezählt. „Unsere einzige Hoffnung ruht auf 2 in Toyooka gekäfigten Paaren, 2 japanischen Störchen, von denen jeder mit einem aus China stammenden Vogel gepaart ist . . . auch die in Flugkäfigen gehaltenen Störche hatten trotz aller Bemühungen Verluste. Die toten enthielten viel Quecksilber" (KURODA 1969—1970). Ein einzelner Vogel wurde 1971 gesichtet, ein weiterer 1974 bei Rebun (Check-list 1974 u. Addenda and Corrigenda 1978, HIGUCHI 1976). MUNECHIKA (1978) hebt in seiner Zusammenfassung zum augenblicklichen Status hervor, daß sich auch heute im Winter vom Festland kommende Störche in Japan einfinden. „1978 sind in Nagoya und Hirado (Präf. Nagasaki) offenbar Paare festgestellt worden, die trotz beginnender Fortpflanzungszeit keine Anstalten machten abzuziehen. Daran knüpfen wir die Hoffnung, daß sie nisten und Nachwuchs haben werden, vorausgesetzt, es gelingt vereintem Bemühen, sie vor dem Abschießen oder ähnlichem Unheil zu bewahren" (l. c.).

U. a. die schwierige Paar-Zusammenstellung hat dem seit 1965 besetzten Toyooka-Schutzzentrum keinen rechten Erfolg beschert. Deshalb wird erwogen, aus den gegenwärtig gekäfigten 13 Exemplaren passende Paare über „Gruppenbrautschau" in sehr geräumigen Freifluggehegen zusammenzubringen.

Auch für die total geschützten russischen Vögel wird betont, daß die Kopfzahl kleiner und dies durch Seltenwerden passender Brutplätze, Fällen von Horstbäumen, Wildern und Chemisieren der Landschaft verursacht wird. Unmittelbares Verfolgen hat wohl nirgends so drastische Wirkung gezeitigt wie die bioziden Noxen im Habitat.

Spezialkarten der Verbreitung in CHENG 1976 (China), WINTER 1978 (mittleres Amurgebiet), SCHIBAJEW et al. 1976 (Ussuriland).

Oekologie

Als Brutstätten benutzt *C. boyciana* lichte Gehölze in der Nähe sumpfiger Biotope bzw. große solitäre Bäume inmitten vernäßter Ebenen. Teils sind diese Nahrungsgründe mit offenem Wasser durchsetzt (Bäche, Kanäle, Seen). Äußerlich ähneln die Brutplätze in verschiedenen Teilen des Areals einander sehr; lediglich die Artzugehörigkeit und Zusammensetzung der Nestbäume bzw. Brutgehölze und damit die angetroffenen Wuchsformen wechseln.

Im mittleren Amurgebiet (Bureja-Archara-Niederung) besteht das Habitat (nach PANKIN u. NEUFELDT 1976, WINTER 1978) aus weitläufigen Bereichen breiter Flußauen mit einer Vielzahl von Seen, aus mit nassen Wiesen und Grasfluren (Moos-Seggen-Binsen-Assoziationen, Seggen- und Moos-Seggen-Gesellschaften) ausgestatteten alten Sümpfen in den Tälern kleiner Flüsse, auch bei fallendem Relief, die mit schütteren Wäldern auf leichten, trockeneren, höher gelegenen Standorten alternieren. *Quercus mongolica, Betula platyphylla, B. dahurica, Populus davidiana, Ulmus pumila, Tilia amurensis* gehören zum Inventar der Baumschicht. Unterwuchs besteht aus *Corylus heterophylla* und *Lespedeza bicolor*, mitunter zur Gänze aus *P. davidiana*. Hier stehen die Nester 200—1000 m voneinander entfernt, auf zerstreuten Einzelbäumen in offenen Räumen öfter 500—700 m, allerdings werden auch 4000 m Distanz erreicht (PANKIN u. NEUFELDT 1976, WINTER 1978).

Am unteren Amur (Tunguska) ist das Habitat faktisch gleich: versumpfte Ebene, reich an Altwässern, Seen, fließartigen Kanälen. Waldaufwuchs hauptsächlich auf Bodenerhebungen. In den Sümpfen stockt nicht selten *Larix dahurica*. Brutpaarabstände 200—400 m.

In der Chanka-Senke notierte SCHULPIN (1936) als Brutplätze Reitgrasmoore mit waldbestandenen Hügeln (hier *Tilia, Ulmus, Acer, Quercus mongolica* und viele Sträucher) und Flußmarschen.

In der UdSSR meidet der Schwarzschnabelstorch mit Sicherheit dicht besiedelte Ortschaften und deren Nähe (PANKIN u. NEUFELDT 1976, SCHIBAJEW et al. 1976, WINTER 1978). Alle bekanntgewordenen Horste wahrten wenigstens 4,5—5 km Abstand zu menschlichen Niederlassungen.

Die Nester sind massiv aus Geäst zusammengefügt und mit trockenem Gras, Ried, sogar Moos ausgekleidet. Durchmesser 1—2,50 m, Höhe 30 cm—2 m, Durchmesser der Mulde 55—90 cm, deren Tiefe 5—14 cm (PANKIN u. NEUFELDT 1976, WINTER

1978). Beschreibungen aus der UdSSR beziehen sich fast ausschließlich auf Baumhorste, oft in dürren Bäumen ohne Krone, 3—20 m, überwiegend 5—10 m über dem Boden. Als Horstbaumarten sind ermittelt worden: Am mittleren Amur (Pankin u. Neufeldt 1976, Winter 1978) *Betula platyphylla* (30 u. 35 Nester), *B. dahurica* (9 u. 3), *Quercus mongolica* (8 u. 4), *Populus davidiana* (3 u. 7), *Tilia* spec. (2). An der Tunguska (unterer Amur) waren die meisten Nester auf *Qu. mongolica* und *Larix dahurica*, in einem Falle auf *Betula dahurica* (Litwinenko 1967, 1968; Schtscherbakow 1976). Lärchen werden bevorzugt, so im Selemdsha-Becken (Fluß Ulma — Leonowitsch u. Nikolajewskij 1976) und am Mittel-Bikin. An diesem Fluß diente auch eine Fichte als Nestbaum (Schibnew 1976). Am Chanka-Ostufer standen die Horste vorwiegend auf Wildapfelbäumen, einer auf einer Weide (Leonowitsch u. Nikolajewskij 1976).

Zum Unterschied von Korea und Japan meiden die russischen Brutstörche die Nähe menschlicher Wohnstätten auffallend, Nester auf Häusern und Masten sind völlig unbekannt. Zweimal jedoch wurde Nestbau auf unnatürlichen Unterlagen publiziert: am Ost-Chanka auf gestapelten Schneezaunfeldern (Leonowitsch u. Nikolajewskij 1976) und am Simmi im Bolonj-Seebecken auf einem trigonometrischen Punkt, 15 m hoch (Schtscherbakow 1976). Derartige Standorte lassen hoffen, daß es künftig möglich sein wird, die Art an künstliche Nisthilfen zu gewöhnen und sie solcherart menschlicher Obhut näherzubringen.

Die Fortpflanzungsperiode hebt im ganzen Amurgebiet und im Primorje etwa gleichzeitig an. Früheste Eier in der Bureja-Senke 1959—1971 am 10. und 12. April. Die meisten ♀♀ begannen dort mit der Eiablage zwischen 15. u. 22. April (Pankin u. Neufeldt 1976), am unteren Amur beginnt sie mit dem 15. April (Litwinenko 1968, Rosljakow 1978). Chanka-Ostufer 1963 ab 8. u. 10. April (Litwinenko 1968). Das Gros der Jungen verläßt die Nester ab Mitte Juli.

Die Abgänge von Eiern und Jungen in den Horsten sind ziemlich bedeutend. Zu den Gründen zählen: Unbefruchtetsein von Eiern, embryonale Mortalität, das Entfernen schon angebrüteter Eier durch die Altvögel, Abstürzen unterentwickelter Jungvögel vom Nest, Zerstören des Horstes samt Nachkommenschaft (Winter 1978). Im Bureja-Bassin gingen 1969—1970 5,3—16% der Eier und 20,5% der Jungen zugrunde (Pankin u. Neufeldt 1976), 1975 26,7% der Eier und 18,2% Junge, 1976 entsprechend 23,3% und 30% (Winter 1978). An der Tunguska schlüpften in 2 von 5 Nestern noch die Jungen, und in 3 wurden schon die Gelege vernichtet (Litwinenko 1968). In der Chanka-Ussuri-Ebene verließen 1974 und 1975 insgesamt 62 Jungstörche 38 Horste (Schibajew et al. 1976).

Die Situation der Art an den gegenwärtigen russischen Brutplätzen wird allmählich kritisch. In der Chanka-Niederung und im mittleren Amurgebiet gibt es nur mehr wenige zum Horstaufbau geeignete Bäume. Die Ernährungslage wird, bedingt durch extensives Trockenlegen von Feuchtgebieten, örtliche Schäden durch übermäßiges Verwenden von Mineraldüngemitteln, toxischen Chemikalien usw. schlechter. Die dem Bestand der Art abträglichen natürlichen Faktoren verstärken die anthropogenen Effekte; die Kopfgesamtzahl ist im Sinken.

Die Zahl der Eier variiert wie auch bei *C. ciconia* jährlich und in verschiedenen Arealteilen je nach Nahrungsangebot und liegt zwischen 2 und 5. Ein koreanisches ♀ „leistete" sogar 6 (Archibald mdl. 1979). Vollgelege vom Bureja-Unterlauf umfaßten 1969—1971 2—4 Eier, öfter 3 oder 2 (Pankin u. Neufeldt 1976), 1975 2—5, meist 4 oder 3, 1976 2—4, oft 3 oder 2 (Winter 1978).

Im mittleren Amurgebiet (untere Bureja) ernährt sich *C. boyciana* in der Brutzeit hauptsächlich von Fischen (*Misgurnus fossilis*, *Percottus glehni*) und Fröschen (*Rana chensinensis*), daneben verschiedenen Coleopteren (vorzugsweise Wasserkäfern) und Orthopteren. Selten werden junge Singvögel und Säuger (*Microtus fortis*, *Sorex daphaenodon*) erbeutet (Pankin u. Neufeldt 1976, Winter 1978). Bei einem Herbststorch im Primorje enthielt der Magen *Agkistrodon blomhoffi*, *Rana chensinensis*, Fische, *Microtus fortis*, diverse Insekten und Samen von Gräsern (Rachilin 1976). Ähnliches nehmen die Winterstörche in Japan (Ogasawara u. Izumi 1977) und Korea (Fennell u. King 1964) zu sich.

Wanderungen

Die weiland in Japan auf Honshu lebende Population verhielt sich nach Stand- und Strichvogelweise. Im Winter blieb die Hälfte an den Brutplätzen (auch bei gelegentlicher Schneelage, die aber kaum mit andauerndem Frost einhergeht), die andere streifte nach S, E und N bis 700 km weit, allerdings nicht über die wintermilde Hauptinsel hinaus (Jahn 1942, Yamashina 1961, 1962).

Die Störche vom Festland ziehen nach Korea (Prov. Hwanghae Do), ein Teil begibt sich noch weiter nach Süden (Mori 1939). Manchmal halten sich einzelne Stücke im Herbst noch lange im Norden auf (in der Tawajza-Bucht, Primorje, bis XII. — Rachilin 1976) und überwintern sogar (was Dybowski für die Ussuri-Mündung vermerkt, fide Taczanowski 1893). Aktuelle Informationen über Winterquartiere der Vögel vom Kontinent sind spärlich. Dazu Yamashina (1977): „Im Winter wandern nur ganz wenige auf die koreanische Halbinsel und nach Japan, um dort zu bleiben, während das Gros die kalte Jahreszeit am Jangtse-Unterlauf oder in der Fukien-Provinz verbringt." Überwinternde Vögel wurden auch schon auf Taiwan, den südlichen Ryukyus, in Ostindien bis Assam, Manipur und Südbengalen registriert (vgl. Vaurie 1965).

Leider gründen sich unsere jetzigen Ansichten über die kontinentalen *boyciana*-Winterplätze eben kaum auf Sichtnachweise jüngeren Datums. Neue japanische Angaben dokumentieren episodische Begegnungen mit einzelnen Vögeln in Herbst und Winter — von West-Hokkaido bis Kiushiu (Ogasawara u. Izumi 1977), Higushi 1976, Check-list 1974 u. a.). Gore und Won (1971) erwähnen 3 in Kyongsang-Namdo (SE-Korea) illegal geschossene Winterstörche.

Erstbeobachtungen im Brutgebiet: Bureja-Unterlauf 23.—28. März (PANKIN u. NEUFELDT 1976, WINTER 1978). Bei Chabarowsk 18.—20. März (ROSLJAKOW 1977). Am mittleren Bikin 23. März (SCHIBNEW 1976).

Der Wegzug setzt in der letzten August-Dekade ein und dauert, die Störche eingerechnet, die in mehr nördlichen Gegenden angesiedelt sind, im mittleren Amur-Bassin bis 8. bzw. 18. Oktober (PANKIN u. NEUFELDT 1976, WINTER 1978), am unteren Amur bis Mitte bzw. Ende Oktober (LITWINENKO 1968, SCHTSCHERBAKOW 1976, ROSLJAKOW 1977). Als Zugleitlinien fungieren überwiegend die Marschen von Amur und Nebenflüssen. Die Vögel rücken zu Gruppen zusammen und ziehen in Flügen Nahrung suchend umher. Unterhalb Chabarowsks sind solche mit 20—100 Köpfen gesehen worden (ROSLJAKOW 1977), an der Tunguska mit 40—45, im Tal des Großen In mit 50 und nahe dem Jeworon-See 40—80 (LITWINENKO 1968). Die Masse der Störche nimmt ihren Weg in den Süden wahrscheinlich nicht direkt über das Primorje: In Zugzeiten begegnet man ihnen dort ziemlich selten, lediglich wenig kopfstarken Trupps und einzelnen Exemplaren (siehe bei PANOW 1973, OMELKO 1976), eventuell nur solchen, die in der Chanka-Niederung brüten. Südlicher, in China, wurden mehr beobachtet, so in den Tälern von Sungari und Liao-Ho. HEMMINGSEN (1951) macht interessante Mengenangaben zum phänologischen Geschehen im Raum Pei-tai-ho-Bucht (NE-China) zwischen 1942 und 1945. Der Zug war vom 22. Oktober bis 22. November und zwischen 6. März und 15. April ziemlich rege. Am 12. November 1945 sichteten sie 1000—4000 durchziehende Schwarzschnabelstörche. Auch gemischte Flüge (mit *Grus japonensis*) wurden wahrgenommen (12. 11. 1943 ca. 150 *C. boyciana* u. 50 *G. japonensis*). FISCHER (1966) sah am 9. März 1958 1 Ex. vor Wuhan.

Einfliegen nach Südsachalin: 23. Dezember 1936 ♂ an Chabomaja erlegt (TAKAHASHI 1933). In der ersten Junihälfte 1971 wurden am Ostende der Halbinsel Krilon mehrmals 5 Störche ausgemacht, die nach kräftigen Süd- und Südwestwinden aufgetaucht waren (KARTAWYCH 1976).

Bei Fragen zur Produktsicherheit wenden Sie sich bitte an:
If you have any questions regarding product safety,
please contact:

Walter de Gruyter GmbH
Genthiner Straße 13
10785 Berlin
productsafety@degruyterbrill.com